KB186329

THE HOME

THE

멋진 집은 모두 주인을 닮았다

HOME

더 홈

행복이 가득한 집 편집부 지음

designhouse

들어가며

생활의 발견,
집의 발견

모든 사람은 각자의 인생을 살고, 모든 가족은 각자의 집에 산다. 말하자면 사람이 모두 특별한 존재이듯 모든 집은 특별한 집들이다. 우리는 모두 집을 나와 밖에서 일을 하고, 다시 집으로 돌아간다. 사람들은 피곤하거나 골치 아픈 일이 있을 때, 몸과 마음이 힘들 때 집을 떠올린다. 그때의 집이란 지금 살고 있는 구체적인 장소이기도 하지만, 자신을 담아 줄 어떤 포근한 도피처나 안식처이기도 하다. 우리는 모두 집을 잘 안다. 그러나 또한 집을 잘 모른다.

《생활의 발견》은 언어학자 린위탕林語堂이 1937년에 지은 수필집이다. 고등학교 다닐 때 필독서였기에 무심히 집어 들었던 책인데, 작가의 인생에 대한 성찰이 돋보였고 낙천적인 세계관이 오래 기억에 남았다. 원제는 'The Importance of Living'이었는데 우리나라에 번역본으로 나오면서 '생활의 발견'이라는 제목으로 바뀌었다. 삶의 중요성이든 생활의 발견이든, 그 중심이 되는 곳은 인간에게 가장 원초적인 장소인 집이다. '집'이라는 말은 사람이 삶을 영위하는 건축물을 의미하지만, 좀 더 의미를 확장하면 가족을 뜻하기도 한다. 개인의 역사가 이루어지는 곳이고 가족이 모여서 정을 나누는 곳이다.

집은 아마 인간이 만든 최초의 건축물로 아주 먼 옛날 조상들은 안온한 휴식처를 만들기 위해 처음에는 굴을 팠을 것이고 언덕에 나무를 엮고 풀을 덮어서 공간을 만들었을 것이다. 그들은 그때 어떤 생각을 했을까? 가장 먼저, 사나운 동물들이나 비와 바람 등 자연의 무서운 힘으로부터 가족을 보호해 줄 공간을 생각했을 것이다. 미관은 사소한 요소였을 것이다. 그리고 집에 들어가 가운데에 불을 지피고 동그랗게 둘러앉아 서로의 정을 나누었을 것이다. 그런 생각을 하면 마음이 따뜻해진다. 그런 면에서 보면 집이란 단순한 일반 명사가 아닌 대단히 복합적이며 따스한 온도를 가지고 있는 아주 특별한 말이다.

집에 많은 의미를 두던 시절도 있었다. 아주 오래전 이야기지만, 자신이 추구하는 세계나 어떤 정신적 경지를 집의 이름으로 붙이고 그것을 자신의 호로 삼는 경우도 있었다. 가령 정약용은 큰형 정약현이 집의 이름을 '수오재守吾齋'(나를 지키는 집)라고 지은 일화를 들며 '나吾'를 잃지 않고 편안하고 단정하게 사는 일이 쉽지 않음을 말했다. 선인들은 후손에게 물려 주고 싶은 생각을 집에 담았고, 후손들은 그 집에서 살면서 선인의 뜻을 귀나 눈보다는 몸으로 받아들이며 그대로 행하곤 했다. 물론 지금처럼 잦은 이사로 유목민처럼 떠도는 시절에는 해당되지 않지만, 이럴 때 집이란 하나의 책과도 같고 하나의 말씀 같기도 하다. 그렇게 생각하면 집은 참 어려운 말이기도 하다.

얼마 전 고레에다 히로카즈 감독이 만든 시리즈를 하나 봤다. 인간에 대한 성찰이 돋보이는 영화를 주로 찍는 그가 처음으로 만든 드라마로, 배경은 교토이고 주인공은 견습 전통 무용가 마이코들이 모여 사는 기숙사에서 음식을 만드는 젊은 요리사다. 소소한 일상이 또롱또롱 소리를 내면서 흐르는 개울처럼 잔잔히 펼쳐진다. 작중에서 가장 인상적인 대사는 주인공의 선임이 주인공에게 하는 이야기였다. 그것은 "평범한 맛을 내는 것이 가장 어렵다"라는 말이었다. 즉 여기 모인 사람들은 전국 각지에서 온 터라 고향의 음식과 맛에 길들여져 있기 때문에 어떤 특정한 맛보다는 모두가 좋아할 수 있는, 이를테면 보편적인 맛을 내야 한다는 말이었다.

돌이켜 보니 그 이야기는 바로 감독 자신이 하고 싶은 이야기였으며, 그가 견지하는 영화 철학이라는 생각이 들었다. 내가 본 그의 영화 대부분은 집이라는 공간에서 가족의 이야기가 펼쳐진다. 그것들은 아주 특별한 이야기들이 아니라 바로 우리 집이나 옆집에서 일어날 것 같은 이야기들이다. 말하자면 '평범한 맛'이 그의 영화 안에 가득한 것이다.

집은 아주 특별하지만 평범한 곳이다. 집을 모르는 사람은 없으나 집을 아는 사람도 별로 없다. 가장 기본이 되는 그 장소는 어떤 곳이어야 할까?

집에서 비싸고 거동이 불편한 옷을 입고 지낼 수는 없을 것이다. 무릎 나온 트레이닝복이나 일상복처럼, 집은 그렇게 편안한 곳이어야 한다. 한 사람의 취향으로 꾸미기보다는 가족 모두가 편안한 '보통의 맛', '보통의 장소'가 되어야 하는 것이다. 그것이 우리가 건축을 하며, 집을 설계하며 늘 하는 생각이다.

2023년 4월

노은주 · 임형남

노은주 · 임형남

노은주 · 임형남 부부는 홍익대학교 건축학과를 졸업하고, 1998년 '건축의 즐거움'을 모토 삼아 건축사 사무소 '가온건축'을 세워 운영해 오고 있다. 2011년 '금산주택'으로 한국공간디자인 대상을, 2012년 한국건축가협회 아천상을, 2020년 '제따와나 선원'으로 아시아건축가협회 건축상을 수상했다. 《나무처럼 자라는 집》, 《공간을 탐하다》, 《건축탐구 집》, 《도시 인문학》, 《집을 위한 인문학》, 《골목 인문학》 등의 책을 같이 썼다.

차례

Chapter 4 작품으로 가득 채운 집

Chapter 5 자연과 어우러지는 집

Chapter 1

심플하지만 개성 강한 집

뇌공학자 정재승의 책으로 지은 집

서재에서 생각 산책하기

이탈리아의 물리학자이자 소설가 파올로 조르다노는 우리가 코로나바이러스 감염증을 겪은 시간을 "생각으로의 초대"라고 말한다. 자유로운 동시에 고립된 이 시간이야말로 지금 우리에게 가장 필요한 '생각'을 시작할 기회라는 것. 영감과 통찰의 실마리가 산재한, 뇌공학자 정재승 교수의 '책의 집'은 집의 근원적 의미를 돌아보게 한다.

미로처럼 끝없이 겹친 책장 사이로 거침없이 전진하는 남자가 있다. 남자의 뒷모습을 좇던 카메라는 그가 한 권의 책을 꺼내 방을 나서는 모습까지 2분 남짓한 영상을 롱 테이크로 담는다. 5만 권의 장서가로 유명한 학자 움베르토 에코의 서재를 보여 주는 영상이다. 디지털과 미니멀리즘 키워드가 맞물리면서 책이 소외되고 서재가 사라져 가는 이 시대에 2만 권의 책이 주인공인 집이 있다. 신경 세포부터 도시 문명에 이르기까지 과학·사회·심리·인문·예술 등 다양한 분야에 호기심의 촉수를 뻗는 탐험가, 《정재승의 과학 콘서트》 저자이자 TV 프로그램 〈알쓸신잡〉의 패널로 어려운 과학 영역을 대중문화와 예술 영역으로까지 확장한 뇌공학자 정재승 교수가 사는 집이다.

카이로스의 서재

하이 테크놀로지가 이끄는 초연결·초융합 시대에 스마트 시티 마스터 플래너로서 스스로 움직이는 미래 도시를 계획한 과학자가 아날로그의 상징과도 같은 종이 책을 위한 집을 짓다니 어쩐지 아이러니하다.

"학자로서 로망과 최고의 사치를 실현한 집입니다. 이 집을 짓기 전에는 가족이 사는 서울 집과 작업실, 제가 지내는 대전 집과 학교 연구실에 책이 뿔뿔이 흩어져 있었어요. 네 곳의 책을 한데 모으면 2만 5,000권쯤 되는데, 그 책들을 두 겹 아닌 한 겹으로 꽂을 수 있는 서재를 늘 꿈꿔 왔죠."

2만 권의 책을 정량화하면 바닥부터 천장까지 책을 꽂더라도 벽 너비만 100미터가 필요하다. 창의적 공간을 위해서는 천장이 높아야 한다는 신경 건축학적 이론과 2층 이상으로 지을 수 없는 지구 단위 계획 조건을 맞추되, 2만 권의 책을 구조적으로 포용할 수 있는 집을 지으려면 무엇보다 설계가 중요했다.

설계는 오랜 친분이 있는 매스스터디스의 조민석 소장이 맡았다. 2만여 점의 예술 작품이 있는 미술관 '구하우스'에 이어 2만여 권의 책이 있는 주거 공간을 설계하는 것은 건축가로서도 흥미로운 도전이었을 터. "맞습니다. 건축도 결국 사람, 그리고 세상에 대한 관심이 바탕이 되어야 하는 업입니다. 책이 2만 권 있다는 이야기에 강한 호기심이 발동했지요. 보편적 주거 공간 이상의 가능성은 물론 뇌과학자의 머릿속을 들여다볼 수 있는 기회니까요."

조민석 소장은 집을 크게 두 덩어리로 나눈 뒤 스킵 플로어skip floor(건물 각 층의 바닥 높이를 반 층 차로 설계하는 방식)로 연결했다. 도로에 면한 북쪽 진입로를 통해 작은 마당을 지나 현관으로 들어서면 오른쪽으로 게스트룸과 안방이 자리한다. 마당을 가로지르는 복도를 따라 반대편 공간으로 넘어가면 거실 및 주방 공간이 펼쳐지는데, 높은 천장고를 활용해 상단에 메자닌(복층) 구조의 라이브러리를 구성했다. 반대편의 반 층 계단을 오르면 서재의 넓은 홀이 나오고(거실 및 주방 상단의 서가와 연결된다), 다시 반 층을 오르면 라이브러리의 연장선인 복도를 지나 자녀들의 방이 나오는 구조다.

"왼쪽 덩어리는 1층 거실 및 주방의 천장고가 높고, 오른쪽 덩어리는 2층 서재의 천장고가 높아요. 왼쪽 2층의 자녀 방과 오른쪽 1층의 안방이 대치를 이루지요. 메자닌 구조의 북 캣워크가 반대편 공간과 반 층씩 유기적으로 연결되면서 결과적으로 세 개 층을 쓰는 것 같은 효과가 있죠. 산책의 묘미가 있는 동선, 르코르뷔지에의 프롬나드promenade 건축을 구현한 셈입니다."

집의 관전 포인트는 단연 서재다. 책이 주인공인 공간인 만큼 가구를 최소화하고 북 캣워크를 지지하는 인장 케이블과 천장 조명등, 핸드 레일까지 간결한 라인만 강조한 서재에서는 여느 도서관 못지않은 탁 트인 공간감을 경험할 수 있다. "욕심을 부렸다면 1층 복도 라인, 계단실 아래, 서재의 홀까지 모두 책장으로 채웠겠지요. 책으로 가득한 공간이지만 사실 책은 영감과 통찰을 주는 하나의 도구일 뿐, 목표나 목적은 아니에요. 중요한 것은 '생각'이죠. 신경 건축학에서는 빈 곳이 창의적 생각에 영향을 미친다고 하죠. 서재의 홀은 생각할 수 있는 기회를 주는 공간이에요. 사방을 두른 책장에는 영감과 통찰의 실마리가 가득하죠. 가끔 책을 찾으러 올라갔다가 엉뚱한 책을 발견하곤 그 자리에 앉아 한두 시간씩 보낼 때도 있는데, 바로 깨어 있는 정신으로 필요한 일에 몰입하는 '카이로스kairos'의 시간입니다."

집이라는 삶의 화첩

신경 과학적 연구에 따르면 사람은 자연과 함께할 때 행복감을 느낀다. 테라스가 넓고 창이 커서 나무와 꽃이 잘 보이는 공간에서 더 빨리 치유된다. 요리를 하면서도 거실의 가족과 대화를 나눌 수 있는 오픈 키친에서 더 큰 만족감을 느낀다는 연구도 있다. 정재승 교수는 집을 지으면서 어떤 구조에서 스트레스를 덜 받고 더 많이 웃는지, 가족이 더 많이 대화할 수 있는지 고민했다. "아파트에 살 때는 아파트가 불편한지 몰랐어요. 편리하고 안전하게 주어지는 것들 때문에 어린 시절 주택에 살던 기억을 잊고 지냈죠. 집을 지으려고 마음먹은 후 '언제 가장 행복한가'를 고민했어요. 정해진 규격에 삶을 끼워 맞추는 대신 하얀 백지 위에 삶을 그리는 것이야말로 창의적 활동으로 여겨지더라고요."

그런 의미에서 중요한 건 늘 다채로운 영감을 주는 구성이다. 앞서 설명했지만 이 집은 르코르뷔지에가 주창한 '건축적 산책'을 경험할 수 있다. 길게 이어진 라이브러리를 통과해 옥상까지 자연스럽게 올라갔다가 다시 다락방을 통해 아래층으로 내려오는 순환 구조로 각 층마다 외부 정원이 직간접적으로 연결된다.

2만 5,000권을 소장하기 위해 집을 설계했다.

1

2

"1층은 복도 양쪽으로 정원이 있어요. 나무 덱이 깔린 중정은 사계절을 고려해 단풍나무와 그라스류 식물을 심었고요, 게스트룸 옆 후정은 손님들에게 시각적 휴식을 줄 수 있도록 관망하는 정원으로 구성했어요. 서재 테라스에는 대나무를 심었는데, 책장을 덮었을 때 눈을 쉬게 해요."

안방에는 온 가족이 들어갈 수 있는 넉넉한 크기의 욕조를 설치해 마당을 바라보면서 물놀이를 즐길 수 있다. 자녀들 방 위쪽으로 옥상까지 연결되는 다락방은 그냥 흘려보내는 '크로노스chronos'의 시간을 보내는 곳이다. 만화책과 게임기를 두고, 커다란 매트를 깔아 온종일 뒹굴뒹굴한다.

또한 구조는 단순하면서 마감 재질에 변화를 준 공간은 쉽게 질리게 마련. 기하학 구조로 다양한 레이어를 만들되 소재를 단순화한 것은 집을 다채롭게 즐기기 위해서다. "외부로 통하는 창이 많아서일까요? 바라보는 지점에 따라, 빛이 드리우는 정도에 따라 굉장히 자연적이었다가 또 인공적인, 늘 새로운 국면을 마주하는 것 또한 복잡한 구조가 만들어 내는 즐거움이에요."

동쪽으로 높은 창을 구성한 거실과 주방은 아침 식사를 할 때 빛이 들어온다. 반대로 서쪽으로 창을 낸 서재는 해 질 녘 노을을 감상할 수 있다. 외부를 천연 목재로 마감한 것도 특징이다. 썩지 않도록 바닷물에 담갔다 건조한 목재는 가공할 때 화학 물질을 사용하지 않아 친환경적이면서 시간이 지날수록 햇빛에 자연스럽게 노출되면서 색이 바랜다.

"처음에는 벽돌집을 짓고 싶었어요. 한데 외벽은 나무고 내부는 노출 콘크

1 서재에서 남쪽을 향해 열려 있는 테라스에는 대나무를 심었다. 책을 읽다 눈이 쉬고 싶을 때 바라보는 사색의 정원. 서재 위쪽의 서가로 올라갈 때는 지름길인 사다리를 종종 활용한다.

2 책의 집이면서 동시에 예술 작품의 집임을 알 수 있는 거실 및 주방. 아일랜드와 주방 가구 모두 간결한 디자인의 화이트 컬러를 선택하고, 그린 컬러 소파와 팝아트 작품으로 포인트를 줬다.

1

2

3

리트라니, 뭔가 거꾸로 된 게 아닌가 싶었죠. 하지만 살아 보니 역시 조 소장님의 선택이 옳았어요. 책의 집인데 나무로 지어야지 돌로 지으면 이상했겠죠? 겉에서는 나무가 보이고 안에서는 돌의 물성이 색다른 대조를 만들어 내고…. 이것이 바로 매 순간 새로움을 주는 건축의 좋은 예가 아닐까요?"

내일의 클래식

"처음 이사 와서는 책만 가득 채워져 있고, 가구도 들이지 않고 조명도 달지 않아 텅 비어 있었어요. 시작부터 완벽히 세팅하기보다는 마음에 드는 게 있으면 하나씩 들이자며 마음을 다스렸죠. 가구는 물론 조명, 소품까지 살면서 채워 나가는 만족감이 크더라고요. 이제 아웃도어 가구만 남았어요."

삶의 속도와도 연결되는 이야기다. 정재승 교수는 지금껏 세상이 돌아가는 속도보다 더 빠른 속도로 살아왔다. 학부 시절부터 대전과 서울을 오갔고, 1년에 열 번 이상 해외 출장과 방송, 강연을 병행하며 지금까지 논문을 90편 이상 발표했다. 그뿐이랴! 틈틈이 과학의 대중화를 위한 책도 쓰고, SNS(@jsjeong3)로 친근하게 소통한다. 그런데 2019년 겨울 갑자기 세상이 멈췄다.

"예전에 TV에서 중년의 남자가 화분에 분무기로 물을 주면서 잎을 따는 장면이 나왔는데, 어떻게 저리 한가할 수 있을까 의아해한 기억이 나요. 그런데 요즘 제가 그러고 있어요. 예전에는 바쁘다 보니 집에 들어오면 쓰러져 자기 일쑤였는데, 코로나바이러스 감염증으로 삶의 시계가 느려지면서 나를 돌아보는 시간을 갖게 됐죠. 오롯이 집에서 가족과 시간을 보내며 유튜브 보면서 요리도 하고, 필라테스도 시작했어요."

1 게스트룸에서 바라보는 후정은 이끼와 단풍으로 조형미를 살린 것이 특징이다.

2 침실은 노출 콘크리트 마감이 자칫 차가워 보일 수 있어 벽면을 화이트로 도장했다.

3 만화책 보고 게임하며 온종일 뒹굴뒹굴할 수 있는 다락방.

사다리꼴 모양의 대지에 따라 꺾인 면으로 구성한 나무 집. 추상적 형태로 느껴지도록 건물과 담장, 대문 등의 구분 없이 담백하게 마감했다. 외벽과 같은 소재로 마감한 맞배지붕에서도 기하학의 다양한 변주를 즐길 수 있다.

'행복이 가득한 집'은 관계를 회복하는 공간이라는 설명도 덧붙였다. 각자가 행복한 순간을 담아낼 수 있는 공간을 만들어 놓으니 집에서 보내는 시간이 갑갑함이나 스트레스가 아니라 유희요, 좋은 얘기를 더 많이 나누고, 함께 웃는 공간이 되더라는 것. 느리게 살아도 지구가 돌아가고, 자연이 회복되는 걸 경험하면서 자기반성의 계기를 만든 것 역시 팬데믹의 선 기능이다.

"미니멀리즘 키워드가 대두되면서 사람들은 가볍게 살기 위한 노하우를 설파합니다. 이 집은 그런 방향에 역행하는 건데, 그런 의미에서 20년쯤 후에 굉장히 특별한 공간이 될 거예요. 세상을 바라보고 인용하는 레퍼런스가 유튜브나 페이스북 등 온라인이 아닌 책이라면, 저는 좀 남다른 얘기를 할 수 있지 않을까요? 클래식은 결국 타임리스라는 뜻이거든요. 어느 시대에나 모두에게 받아들여지는 '고전'을 이야기하는 사람이 되려면 클래식한 종이 책을 통해 세상을 바라보는 통찰이 필요하다고 믿어요."

정재승

뇌를 연구하는 물리학자. KAIST에서 물리학을 전공했고, 예일대학교 의대 소아정신과 연구원, 컬럼비아대학교 의대 소아정신과 조교수 등을 거쳐, 현재 KAIST 뇌인지과학과 학과장 및 융합인재학부 학부장으로 재직 중이다. 2009년 세계경제포럼에서 '차세대 글로벌 리더'로 선정되었으며, 2011년 대한민국 과학문화상을 수상했다. 저서로 《정재승의 과학 콘서트》, 《열두 발자국》 등이 있다.

인테리어 디자이너 이승은의 그림 같은 집

공간을 디자인하듯 삶을 디자인할 것

지혜로운 집은 지혜로운 삶을 만든다. 이것이 좋은 공간을 만들어야 하는 이유다. 누구든 알 법한 공간을 만들며 23년 동안 'SEL인테리어디자인' 대표로 산 디자이너 이승은. 이제는 '돈 잘 벌리도록 디자인해 준' 숱한 남의 공간 대신 그의 집과 사옥을 이야기할 것이다. 그의 집이 그를 더 알게 해 줄 터이므로.

비가 오면 기능을 떼 버리는 빈 놀이터가 좋다. 무척 애쓰면서 살아온 사람을 닮은 옥수역이, 애 엄마가 갓난쟁이 업고 브람스의 자장가를 무한 반복하는 복도식 아파트가, 드럼통에 뿌리 내린 영산홍 가지를 넋 놓고 바라볼 수 있는 변두리 골목길이 좋다. 내가 좋아하는 공간을 바라보는 건 나를 바라보는 것과 같다. 나를 만들고 지탱해 준 공간, 내가 교감한 공간은 나를 더 깊이 알게 해 줄 것이므로. 가스통 바슐라르라는 고매한 철학자도 말하지 않았던가. "집은 인간의 영혼에 대한 분석 도구"라고.

이승은, 그는 공간을 디자인하고 짓는 이다. 대단한 기업의 오피스도, 호텔도, 리테일 숍도, 재벌가 저택도, 스무 평 남짓한 빌라도 디자인한다. 그 기업을 더 부요하게 해 주는 오피스, 집주인을 담아내고 품어 주는 주택, 브랜드의 정체성을 진열하는 리테일 숍…. 그는 누군가를 더 잘 알게 하는 공간을 짓는 인테리어 디자이너다. 아마존 코리아, 페이스북 코리아, 샤넬 오피스, SK남산그린빌딩, 반얀트리 클럽 앤 스파, 아난티 펜트하우스 서울, 앰배서더 서울 풀만, H&M, 코스, SM타운…. 서른 살에 'SEL인테리어디자인'을 설립했고, 이후 그 만화방창의 시절을 도시 속, 빌딩 속 누군가의 '집'을 만들며 살아왔다.

"학교 졸업 후 오피스 디자인을 주로 하는 회사에 4년 다니다 퇴사했는데, 다행히도 일이 연이어 들어왔어요. 외환 위기 이후 금융 시장 개방이 맞물리면서 외국계 금융 회사들이 국내에 진출할 때였죠. 금융부터 IT, 광고, 엔터테인먼트까지 4대 첨단 서비스 분야의 인테리어 시장을 집중 공략한 게 주효했어요. '오피스 디자인 최강자' 같은 닉네임도 붙었는데, 나중에 그걸 떨치는 데 시간을 좀 썼죠."

누군가를 위해 돈 잘 벌리도록 도와주는 공간을 만들며 몇십 년을 살았다. 그처럼 한 가지 재주로 세상을 살아왔다는 건 행복한 일이다.

그의 삶에 개입하는 인격적 존재, 집

사실 그는 그림과 관계된 일을 하고 싶어 하던 이였다. 명확한 지표를 정하지 못한 채 공대에 들어갔고, 그저 좋아서 건축과 수업을 병행하며 들었다. 그때만 해도 이렇게 '심각하게 오래' 이 일을 할 줄 몰랐다. 그런데 '한양대학교, 국문과, 중퇴'라는 프로필이 배우 윤여정과 너무 잘 맞듯 '홍익대학교, 컴퓨터공학과' 같은 프로필은 그에게 잘 어울리는 역사 같다(이후 그는 동 대학원에서 인테리어디자인을 전공했다). 그는 잘못한 선택이라지만 기실 인생은 차선이 모여서 최선이 된다.

1 오래된 아파트를 자신이 사용하기 가장 편리한 비례로 재구성하는 일이 이 공간 작업의 시작이었다. 그 후에 가구나 작품을 하나씩 들였다. 마네킹 다리를 닮은 게리 흄의 브론즈 조각, 피에르 폴랭의 1인용 소파가 눈에 띈다.

2 다이닝룸과 거실 사이에 어떤 경계도 두지 않고, 통창을 바라보는 방향으로 나란히 열어 두었다. 바 테이블과 식탁은 10여 년 전 이승은 씨가 디자인한 것이고, 카펫은 브라질 작가의 작품이다.

1

2

3

공간 설계라는 게 개인의 창작일 수만은 없으니 건축주와 씨름하고, 허가 절차와 싸우고, 시공자와 부딪치다 터럭만 한 기운으로 돌아오면 이 집이다. 그가 사랑하는 미술 작품이 가득한 집. 밤이면 유리창 밖으로 한강이 드러나는 아파트로 돌아와 비로소 '하지 않음'을 하며 자신을 다독인다. yBayoung British artists 대표 작가 게리 흄의 마네킹 다리를 닮은 브론즈 조각, 포르투갈 여성 작가 조아나 바스콘셀루스Joana Vasconcelos의 위풍당당한 작품이 심오한 조화를 이루는 집에서. 가스통 바슐라르의 언설대로 이 집을 이승은이라는 사람의 영혼에 대한 분석 도구로 생각하고 들여다볼까.

"13년 전에 이사를 왔어요. 100세대쯤 되는 아파트로 세대마다 정해진 천장고에 비슷비슷한 구조일 수밖에 없었죠. 다행히 오래된 아파트여서 구조 벽체가 기둥으로 되어 있고, 움직일 수 있는 벽체도 있었어요. 집이든 사무실이든 제가 중요하게 생각하는 '내게 맞는 비율'에 맞춰 공간을 비례적으로 잘 나누는 일을 가장 먼저 했죠. 침실은 더 넓게, 손님용 침실은 더 작게, 서재는 더 작고 길게, 욕실은 꽤 넓게…. 제가 사용하기 가장 편리한 비례로 공간을 잘 나눴어요. 그렇게 비례를 맞춘 후 가구 하나씩, 작품 하나씩 시간을 두고 들였죠."

사실 제대로 만들기만 하면 집은 그 안에 사는 이의 삶에 개입하는 인격적 존재가 된다. 자발적 행동을 불러일으키고, 위안이든 긴장이든 감정을 불러오는 인격적 존재 말이다. 게다가 지혜로운 공간은 지혜로운 삶을 만든다.

"이 집에서 제가 가장 좋아하는 풍경은요, 아침에 방 사이 복도를 지나 거실로 갈 때 복도 벽의 그림 위로 해그림자가 지는 거예요. 저는 '골목'이라 부르는

1 욕실에 있는 시간을 좋아해 면적도, 구조도, 채광도, 소품도 신경 써서 구성했다.

2 세면대 위에 조아나 바스콘셀루스의 개구리 작품을 올려 두었다.

3 바 테이블 뒤 벽에는 영국 조각가 세리스 윈 에번스의 네온 조명 작품을 설치했다.

데, 작은 방에서 방으로 연결되는 골목을 천천히 걷다 보면 고작 몇 걸음인데도 작품이 점점 팽창하는 듯한 느낌이 들어요. 작아서 더 큰 즐거움이죠. 해가 갈수록 집에 안정감이 생겨요. 가구든, 작품이든 뿌리를 내리는 것처럼 말이죠. 이 집은 제게 전보다 지금이 더 좋고, 앞으로도 더 좋을 것 같아요."

다이닝룸도 거실도 나란히 창을 바라보게 열어 둔 것, 친구들이 와서 앉든 서든 편히 먹고 가라고 바 카운터와 식탁을 나란히 둔 것도 같은 맥락이다. 인격적 존재처럼 집이 그의 삶을 변화시키고, 그가 집을 변화시키며 끊임없이 집과 대화하려는 의도가 담겨 있다.

"이번에 프리즈 아트페어에 온 해외 컬렉터가 '작품과 작품이 결혼한다'는 이야기를 하던데, 저는 '이 작품과 이 의자가 서로 대화한다'고 생각해요. 미술 작품을 좋아하긴 하지만, 제게 작품 하나만으로는 작품이 아니에요. 공간이 하나의 액자이고, 그 안에 담긴 작품과 가구와 소품이 저만의 또 다른 액자라고 생각하죠. 집이라는 저만의 커다란 액자 안에서 내 식대로 연출하다 보면 그게 또 저만의 그림이 되는 겁니다."

집에서조차 예술적 세계관을 과시할 생각으로 작품을 멋 부려 놓은 건 아니다. 베르사유의 여름 전시회 오프닝에 초대받은 날 그 위풍당당한 예술에 반해 구입한 조아나 바스콘셀루스의 작품, 10년 전 영국 화이트 큐브 갤러리에서 율동감이 아름다워 구입하면서 그 딜러와 친구가 되게 해 준 게리 흄의 작품, 신발 두 짝이 있는 그의 드로잉이 흔하지 않아 구하고선 오래 사랑해 온 앤디 워홀의 데뷔 초기 잡지 삽화까지…. 그에겐 작품 가격이나 작가의 지명도보다 그 작품이 자신에게 건넨 스토리가 더 중요하다. 그 스토리가 자신을 변화시켰으니까.

현관 전실은 그가 좋아하는 공간 중 하나. 이 집에 이사 올 때 이광호 작가가 집을 직접 보고 뜨개질하는 식의 짜기 기법으로 만든 벤치. 존 딕슨의 빈티지 콘솔 위에는 독일 미술가 오토 피네의 작품이 걸려 있다.

1

2

3

1 14년 전 구입한 미국 작가 마틴 멀Martin Mull의 작품과 세르주 무이 조명이 다이닝룸의 무드를 압도한다.

2 침실 한쪽에 마련한 이 공간은 창밖 소나무를 감상하는 자리다.

3 침실 벽에 건 리처드 프린스의 작품.

행복은 먼지 같은 것

그 울타리 안에 들어서면 이곳이 동빙고동인 것을 잊을 정도로 고적한 곳에 SEL인테리어디자인의 사옥이 있다. 건물 몸체에 비해 꽤 큰 중정 둘레에 '가나아트 한남'과 레스토랑 '마렘마'가 있고, 지하에 가나아트 판화 공방 'GH 프린트 스튜디오'가, 한 층에 'SEL인테리어디자인'의 사무 공간이, 또 한 층에 루프 가든이, 또 어느 층엔가 밝히기 조심스러운 유명인의 공간이 있다. 까치발을 하고 담 안을 엿보듯 들여다보고 싶은 공간이 이처럼 곳곳에 자리한다.

"6년 전 사옥을 지으면서 제가 그림을 좋아하니 갤러리가 있고, 손님들 대접하고 우리 직원도 먹을 수 있는 작은 레스토랑이 있고, 제가 사랑하는 뜰이 있으면 좋겠다 싶었는데, 모두 이루어졌어요. 공간을 임대해 준 것이지만 모두 식구 같은 이웃이에요. 평소 대회의실도 같이 쓰고, 갤러리에 큰 전시가 있으면 주차장을 우리 직원들이 비워 주고, 판화 공방 오픈일에는 가든을 파티 장소로 내주고 말이죠. 이 공간에서 행복과 안전과 교감과 영감이 함께 생긴다면 얼마나 좋은 일인가요?"

무릇 좋은 집은 '세움'보다 '지음'이라는 의미로 이해된다. 시를 짓듯, 밥을 짓듯, 이름을 짓듯 말이다. 디자이너 이승은은 동빙고동에 이웃과 함께 사는 사옥을 지었다.

"사옥을 짓고 그 뒤 2~3년이 참 어렵더라고요. 평평하고 아담한 사옥을 지으려 했는데, 300평 땅이 제법 커서 돈이 많이 드는 거예요. 마침 그때 우리 회사가 아난티, 르메르디앙, 드래곤시티 등등 큰 호텔 공사를 연이어 하느라 공사 선금도 계속 들어갔고요. 적자가 쌓이는 그 몇 해가 참 힘들었죠. 그래서 결정을 했어요. 이제 우리에게 맞는 일, 좋은 일만 하나씩, 본연의 자세로 돌아가서 하겠다. 그때부터 한 공간에 쏟는 열정도 다시 회복되었죠. 저는 어떤 고단한 일이 있어도 하루 지나면 해맑게 웃고 나타나는 사람이에요. 여섯 시간, 여덟 시간 집에서 방해받지 않고 자고 툭 털어 버리죠. 저보고 잘 웃는다고 하는데, 저는 행복이 스쳐 지나는 먼지처럼 제 곁에 있다고 생각해요. 제게도 덩어리로 왔다가 또 순간순간 부서지는 희로애락이 있는데, 저는 그게 모두 왔다 가는 것임을 알죠, 이제는."

40세 이전은 부모가, 40세 이후는 자신이 준 얼굴이라 했다. 50세 넘은 그

1 대부분 흰색으로 마감한 다른 공간과 달리 침실만은 어두운 회색 벽지로 마감해 오롯한 휴식 공간으로 만들었다. 침대 머리맡에 걸린 그림은 셰리 러빈Sherrie Levine의 작품.

2 방마다 그 공간에 맞는 작품과 가구, 소품으로 연출한다.

의 얼굴에서 세상 풍파가 이 사람만 비껴갔나 했는데, 역시 감당하기 쉬운 생은 어디에도 없었다. 그럼에도 그는 "일이 취미"라 말한다.

모름지기 삶에서 문제를 찾아내고 그걸 해결하는 모든 일을 '디자인'이라 불러 마땅하다. 그는 공간을 디자인하듯 그의 인생을 디자인하는 사람이다. 그래서 그가 지은 집은 그를 더 잘 알게 해 준다.

이승은

홍익대학교를 졸업하고 동 대학원에서 인테리어디자인을 전공했다. 4년간 업계에서 경험을 쌓은 뒤 30세에 창업했다. SEL인테리어디자인㈜ 대표로 아마존 코리아, 페이스북 코리아, 샤넬 오피스, 반얀트리 클럽 앤 스파, 아난티 펜트하우스 서울, H&M, SM타운 등 기업의 오피스와 호텔부터 리테일 숍, 저택, 빌라까지 다양한 공간을 디자인한다.

디자인알레 우현미 소장의 이태원 집

알레스러운 집

이태원의 어느 호텔 담장 뒤, 어딘지 퇴화한 세계인 듯한 골목 안에 그 집이 있다. 랜드스케이프 디자인으로 대한민국 최고라 하는 '디자인알레'의 우현미 소장이 직접 다듬은 살림집이다. 거칠다. 소탈하다. 낡았다. 그런데 힙하다. 조형적이다. '알레스럽다'라는 형용사 말고는 설명할 노릇이 없다.

찬 바람이 무례하게 옷 솔기를 파고들던 2월 초, 주소 하나 들고 이태원 길을 헤매며 '다름'과 '색다름' 그리고 '차이'를 떠올리고 있었다.

이 동네를 한 식경쯤 걸어 본 이라면 그 이유를 짐작할 수도 있으리라. 저택 골목, 호텔, 재래시장, 이국적 정취의 식당, 다세대 주택이 한데 엉긴 동네가 이곳이다. '다름'을 인정하고 '색다름'을 낯설어하지 않으면서 끊임없이 변화해 온 동네. 호텔 담장에 붙은 이 집 현관에 들어서며 이 연상 작용은 그럴듯하다고 다시 고개를 주억거릴 것이다.

"40년 넘은 외국인 주택 단지의 골목 끝 집이에요. 여섯 집이 단지 출입구와 골목을 나눠 쓰는데 마치 작은 마을 같죠. 붉은 벽돌, 담장 위 기와가 여섯 집 모두 똑같아요. 여름 햇빛, 겨울 눈, 봄 안개비에 '에이징aging된' 벽돌이며 기와며 참 근사하죠. 담벼락 벽돌 틈을 비집고 자라는 개나리 나무조차 좋아서 이 단지를 발견하고 '이거는 사야겠구나' 싶었어요. 무리도 되고, 난관도 있었지만 일주일 만에 빨리 결정해 버렸어요."

수줍게 인사를 챙기던 집주인은 담벼락 벽돌 틈 개나리 이야기를 꺼내며 찻물 속 꽃잎처럼 벙글거렸다.

"거칠구나"

집 얘기를 하기 전 집주인 이야기부터 바삐 해야겠다. 우현미 소장. 1999년 조경 디자인 회사로 시작해 랜드스케이프 디자인, 공간 디자인, 플랜테리어, 비주얼머천다이징까지 공간과 자연을 연결하는 일은 모두 해내는 '디자인알레'의 주축이다. 네이버, 넥슨, 현대카드, 파크하얏트호텔, 현대백화점, 신라호텔, 더현대서울 등의 조경이 이들의 손을 거쳤다. 어떤 곳에서 무슨 일을 벌이든 '형태, 소재, 콘셉트 모두 자연에서 가져온다'는 철학을 안고 가는 이들이다.

"재료가 그대로 드러나는 것을 좋아하는 아버지 덕에 집 안에 거친 돌, 녹슨 쇠가 널려 있었어요. 거실 바닥은 테라초 타일이었는데 살짝만 넘어져도 턱이 깨져 친구들을 집에 안 데려갔어요." 돌과 쇠를 좋아하는 그 아버지의 감성을 빼쏘았다는 이가 우 씨 남매의 셋째 딸인 그다(첫째 언니가 디자인알레 우경미 대표, 둘째 언니가 패션 디자이너 우영미). 2년 전 수십 년의 분당 아파트 생활을 접고 이태원 골목 끝 집을 신나게 고쳐 20대 아들, 반려견 생강이와 들어갔다. 단지 안에 들어서면 서울 한복판인 걸 잊을 정도로 고적하다가, 골목만 벗어나면 소음과 생기로 출렁댄다.

"이 동네에선 고개를 완전히 꺾어 들어야 스카이라인이 보이죠. 아파트 동네보다 하늘이 많이 보인다는 소리예요. 모두 나무보다 낮은 집들이고요. 이 골목으로 이사 와서 이름을 찾은 기분이에요. '아, 저 집 사람은 이 시간에 개 산책을 나가는구나, 개 이름이 생강이라던데 이 밤에 어딜 나가지?' 한 열흘이면 다 알게 되더라고요. 익명성이 사라지는 대신 마을의 묘미 같은 게 생겨요. 생강이를 몇 번 잃어버렸는데 이웃들이 같이 찾아 주고, 산책하러 나가면 저 앞집 아주머니가 손 흔들어 주고요. 과거로 돌아간 느낌이에요."

1980년대생 낡은 집은 그의 손을 거쳐 '알레스러운' 집이 되었다. 자, '알레스럽다'란 묘사에 단서가 있다. 그를 홀딱 반하게 한 벽돌과 기와, 원형 굴뚝이나

1 유리창으로 보이는 옆집 벽돌담조차 좋아하는 우현미 소장. 제르바소니에서 구입한 소파는 10년 넘게 써서 리넨이 다 해졌지만 여전히 사랑한다.

2 우현미 소장의 침실 벽. 옛집의 흔적은 저 붉은 벽돌에서 작열한다. 가수정 작가의 회화, 그리고 마이알레에서 선보이는 헨리딘의 유리 화병.

3 1층으로 내려가는 계단의 형태, 나무 바닥은 원래 있던 것을 최대한 살린 것이다.

계단의 목재 따위를 최대한 살리고, 비용은 좀 덜 들이면서도 너무 매끈하지 않게. 큰언니 우경미 대표가 다 고친 집을 보고 건넨 첫마디가 "거칠구나"였단다.

"원래 집에 덧대 증축하면서 털어 내지 않은 곳을 그냥 보이게 놔뒀어요. 실내만 해도 벽돌로 된 벽까지가 원래 집, 매끈하게 시멘트로 마감한 벽이 증축한 부분인데 뭐랄까, 레이어? 켜? 층? 여하튼 레이어가 여럿 생긴 느낌이죠. 천장 높이도 어디는 들어가고 어디는 나오고 하고요. 거실 한번 보세요. 기존 벽도, 증축하며 생긴 벽도, 내력 기둥도 그대로 보이잖아요. 공간적으로 효율이 낮은 부분이다 보니 다른 건축가나 디자이너라면 감추려고 고심했을 텐데 저는 그대로 뒀어요. 그 벽과 기둥 덕분에 묘하게 차폐가 되더라고요. 집 안을 휘돌다 보면 벽들이 툭툭 열렸다 닫혔다 하는 것 같고요. 우리 전통 건축도 들어열개를 열면 모든 방과 마루가 열렸다 닫혔다 하잖아요. 의도한 건 아닌데 이 집엔 그런 묘미가 좀 있어요." 디자인알레의 수장이 점자 책 읽듯 성실히 짚어 준 말이다.

"알레스럽구나"

공기 속에서 잘 마른 광목 냄새가 풍기는 듯하다. 남쪽 벽을 통유리로 마감해 빛이 고요히, 격렬히 쌓이는 거실에서 말이다. 우현미 소장은 집에 있는 시간 대부분을 이 거실 한가운데 낡은 소파에서 지낸다. 책을 읽고, TV를 본다. 낮과 밤이 가고 다시 아침이 오는 것을 무욕하게 바라보기도 한다. 바라보는 것이 일인 저 길의 나무들처럼.

"안도 아니고 밖도 아닌 지점이죠. 온실 같기도 하고요. 통유리로 빛과 밖의 풍경이 들어오면서도, 기존 벽이 안에 그대로 있어 묘하게 차폐가 돼요. 사람도 동물이라서 안전감이 중요하죠. 표범이나 사자는 밀림이 아니라 성근 풀숲에서 쉬고 새끼를 먹여요. 밖을 주시하면서도 자신을 가려 주는 곳에서요. 집은 사회적 매너 같은 게 필요 없는 곳, 인간이길 애쓰지 않아도 되는 곳, 나다워지고 내 본성에 자연스레 반응하는 곳, 이렇게 숨어서 자유로워지는 곳이잖아요. 이 집에선 그 안전감이 생기는 것 같아요. 처음 이사 와서 관리하는 아저씨가 외부 마당을 청소하면 화들짝 놀라곤 했는데, 생각해 보니 내가 내다보듯 밖에서 나를 보지 못하겠구나 싶더라고요. 그게 이 집의 또 다른 묘미죠." 동물 다큐멘터리와 동화를 좋아

거칠게 마감한 벽면까지가 원래 집, 매끈한 벽체부터가 증축한 부분이다. 안도 아니고 밖도 아닌 것 같고, 어떻게 보면 온실 속 같다. 초록색 리클라이너는 마르치오 체키가 디자인한 발레스트라 라운지 체어로, 이탈리아 빈티지다. 라운드 테이블 위 작은 화병은 헨리딘 제품, 라탄 소재 의자는 텍타 제품.

1

2

하며 내성적이라는 그가 과묵한 사자처럼 들려준 이야기다.

온종일 해그림자가 위도만 달리하며 천장으로, 벽으로 일렁인다. 공간에 레이어가 있다 보니 빛도 공간에 따라 깊이가 다르다. 그리고 집 안에는 '마이알레'의 식물과 사물이 가득하다. 과천 삼부골, 디자인알레가 꾸린 라이프스타일 농장 '마이알레'를 떠올려 보라. 연필향나무와 멀꿀 나무, 수천의 꽃과 온실로 둘러싸인 그곳의 낡고 따뜻한 빛, 마음을 헤집고 다니는 온도, 습기, 냄새 말이다. 전 세계를 돌며 수집한 소탈하면서도 세련되고, 자연스러우면서도 조형적인 '알레 스타일' 사물이 이 집 곳곳에서 고요히, 격렬히 존재감을 발한다.

부엌의 싱크대 상판도, 주방 가구도, 하다못해 거실 바닥 타일도 알레스럽다. "저희가 제작한 거라 수입 주방 가구처럼 엄청난 기능이 있지는 않아요. 좋아하는 마감재로 실험해 본 것이 많죠. 살짝 브라운이 감도는 블랙 컬러 상판을 넣고 싶어서 주방용이 아닌 타일로 아일랜드 상판을 마감한다든지, 주방 가구 문짝에 우드 패널을 그냥 덧댄다든지 하는 식이죠. 바닥 타일도 그래요. 언뜻 보면 시공이 잘 안된 것 같은 느낌이 있잖아요. 이탈리아의 체멘토라는 회사 제품인데 구워 만든 도자 타일이 아니라 그냥 압축해서 만든 타일이라 강도를 가늠할 수 없어요. 그냥 눌러 가며 시공했더니 평활도(매끄러운 정도)가 떨어져요. 타일 크기도 다 다르고, 얼룩덜룩하고. 저는 그게 재미있더라고요."

"이태원스럽구나"

숲을 자세히 본 적 있는가. 구도랄 것도 없이 흩어져 있는 데도 보태거나 위

1 원래 2층 거실이던 공간을 왼쪽은 아들용, 오른쪽은 엄마용 드레스룸으로 만들었다.

2 컬러 콘크리트와 레진을 배합한 소재로 원기둥을 만들고 선반을 올렸다. 디자인알레가 제작한 것. 비둘기 모양 도어 스토퍼, 철제 화병, 노란 유리 화병은 모두 마이알레에서 판매한다.

집 안 곳곳에 놓인, 소탈하면서도 세련된 알레 스타일의 사물.

치를 바꾸면 안 될 것 같은 조화로움, 평화를 말이다. 다르고, 색다른 많은 것을 포용하는 이태원이 그런 동네다. 이 집도 그렇다. 일하는 엄마는 새벽에도 그라인더 소리를 신경 쓰지 않고 커피를 내려 나가고, 직장 다니는 젊은 아들은 이슬람 사원이 바라 보이는 2층 방을 취향껏 꾸리며, 수줍고 다정한 반려견 생강이는 가끔 담 밖으로 탈출도 한다. 거실 문을 열어 젖히면 소음과 활기가 먼 북소리처럼 들린다. 참 이태원스러운 집이다.

유난히 한파가 몰아치던 겨울의 끝, 그 골목을 빠져 나왔다. 해가 뜨면 달이 지듯, 겨울 가면 봄이 올 것이다. 사람이 지나가는 발자국에 늘 새싹이 돋고, 꽃이 피고, 생명이 깃들기 바라는 '바이오필리아biophilia'(생명 사랑)의 열망을 품은 디자인알레, 그리고 이 창조적 집단의 핵심인 우현미 소장. 그의 이태원 집은 참, 알레스럽다.

우현미

플라워와 조경 분야에서 두드러진 활약을 보이며 인테리어 분야까지 전문 영역을 넓히고 있는 토털 디자인 회사 '디자인알레'의 소장으로 에르메스, 네이버, CJ, 더현대, 넥슨, 신세계백화점, 현대카드, 파크하얏트호텔, 신라호텔, 아베다 등 국내 조경 디자인 분야에서 수많은 프로젝트를 진행했다.

철학자 최진석의 만허당

일상 속 철학이 시작되는 곳

"집은 벽돌로 쌓은 철학이고, 철학은 개념으로 지은 집입니다." 전남 함평의 고향 집터에 작은 집을 지은 최진석 교수는 집 한 채 다 짓고 난 마음을 책 열 권 쓴 후의 기분에 견주었다. 때때로 내려가 강의하고 집필하는 그 집은 아버지의 기억이 현재화되는 곳이자, '아직 오지 않은 세상'을 꿈꾸는 곳이다.

집. 얼마나 아늑한 말이던가. 지구 한편 전남 함평군 향교리에서는 뭇 생명의 보금자리가 해그늘에 안기고 있다. 보금자리, 집은 얼마나 안전하고도 위험한 장소인가.

동양화 화법畫法 가운데 '홍운탁월법烘雲托月法'이란 것이 있다. 달을 그리기 위해 주변을 검게 칠해 달을 드러내는 화법이다. 흰 달을 그리려고 검은 먹을 칠하는 모순, 이것을 드러내기 위해 저것을 버리는 일. 저명한 도가 철학자의 집에 와서 동양화 화법 이야기를 꺼내는 건 다 이유가 있다.

이 집의 이름은 만허당滿虛堂이다. 가득 차고 빈 집. 가득 차서 빈 집이라니…. 이것 참, 그럴듯한 역설 아닌가.

명함 석 장쯤 간추린 이력으로 집주인 소개부터 하겠다. 베이징대학교에서 도가 철학으로 박사 학위를 받고, 서강대학교 철학과 교수를 오래 지냈다. 〈인문학 특강〉, 〈인문학 지식 콘서트〉 등을 통해 대중과도 꽤 친숙하고, 기업 CEO들이 가장 좋아하는 강사로도 꼽힌다. 20대 대통령 선거에서 한 후보의 상임선거대책위원장으로도 일했다. 아, 무엇보다 "시대의 반역자가 되어라"를 외치며 세상에 없는 수업을 하는, 세상에 없던 학교 '건명원'의 원장을 지냈다. 지금은 함평 고향 집 옆에 '새말새몸짓 기본학교'를 세우고 젊은 인재를 키우고 있다. "인간으로서의 기본 태도와 자질을 양성하는 6개월 과정의 프로그램"이라는 소개 글처럼 자기 삶의 주인으로, 우리 삶의 리더로 사는 방법을 가르치는, 말 그대로 '기본 학교'다. 그리고 그가 살던 고향 집터에 만허당을 지었다.

"아홉 살 때부터 살던 집 자리예요. 어머니도 아버지도 1936년에 지은 이 집에서 살다 돌아가셨어요. 방 두 개, 광 하나, 부엌 하나 딸린 열다섯 평 집에서 할아버지까지 모시고 살았죠. 부엌과 방 사이 벽에 구멍을 뚫어 호롱불 하나 놓고는 그걸로 방도 부엌도 밝혔어요. 마루에 누워 뒹굴뒹굴하고, 생각하고, 매미 소리를 기다리고, 빛 떨어지는 소리를 듣고, 어떤 날은 빗방울을 세어 보려고 노력한 적도 있고. 이 집이, 이 골목이 다 부모님과 살던 추억이 있는 장소죠. 엊그제 골목길을 가는데 동네 할머니가 손을 꼭 붙들더니 '아이고, 우리 강아지. 어떻게든지 잘돼야 되고, 어떻게든지 건강해야 되고' 이러시데요. 내가 예순 살이 넘었는데 '내 강아지' 소리를 들을 수 있는 동네예요. 그 할머니가 우리 아버지하고 동갑인데 할머니는 아직 살아 계시고, 우리 아버지는 돌아가셨네요." 참기름 바른 차돌처럼 단단해 보이는 그의 얼굴, 그 입술에서 새어 나온 이야기에 잠시 아늑했다가 잠시 비감해졌다.

1 아침 녘 향교리 앞뜰을 내다보며 명상을 즐긴다. 보리밭과 350년 된 느티나무 숲이 그림처럼 펼쳐진 동네.

2 만허당 문을 열자마자 보이는 툇마루에 어머니가 쓰시던 다듬잇돌을 두었다.

3 전라도 사람들이 '확독'이라 부르는 물확. 그가 사 모은 물확과 석물이 집 곳곳에 자리한다.

왜 돌아왔는가

"지금의 나를 무엇이 만들었을까 생각하니 죽음과 가난이었습니다. 중학교 2학년 때 마당에 덕석을 깔고 누웠는데 하늘에서 별똥별이 지데요. 나도 저렇게 죽는구나 싶었죠. 죽음의 공포가 밀려와 일주일 동안 밥을 못 먹다가 우물가에서 쓰러졌죠. 그때부터 나의 사유를 촉발하고 진행시킨 힘, 나를 단련하는 화두는 죽음에 대한 공포였어요. 철학을 공부하게 된 시작점이죠. 그러나 나는 40대 중반까지도 이 공포에서 벗어나지 못했어요. 잠들기 전 죽음의 공포에 휩싸여 땀 흘리고, 가위에 눌리곤 했으니까요. 그런데 우리 아버지가 늘그막에 자결을 하셨어요. '나 이제 그만 먹으련다' 하시고는 말씀도, 물 한 모금도 안 넘기다 8일 만에 돌아가셨죠. 아버지가 내게 큰 교과서 하나를 던져 주고 가신 것 같아요. '너는 글이나 강연에서 죽음 이야기를 하더라. 나는 먹고사는 게 바빠 그런 건 생각할 틈이 없었다. 하지만 이렇게 죽을 수는 있다. 너는 어쩔래?' 이 말씀을 하신 것 같아요. 영적으로 아들을 단련시키는 데 도움을 주고 싶으셨던 것 같아요."

그도 우리도 각자 아버지의 말씀을 들었지만, 그만 깨달음을 얻었다.

"내 생각의 틀을 만든 또 하나는 가난입니다. 내가 1959년생인데 말이죠, 우리나라가 1973년이 되어서야 기아 국가에서 벗어났어요. 아버지가 학교 선생님이라 집에 읽을 책이 좀 있었는데, 동화책을 보면 어느 나라는 양말도 없이 살고, 어느 나라는 크리스마스 선물 담을 양말을 걸어 둔단 말이죠. '아, 우리는 너무 가난하구나. 나는 커서 우리나라를 부자 나라로, 더 좋은 나라로 만들어야겠다', 그런 생각을 했어요. 지금도 나는 내 행복과 공동체의 행복이 일치해야 한다는 생각을 이어 오고 있어요. 그래서 이곳으로 돌아왔고요. 내 문제가 시작된 곳에서 문제를 해결하려는 적극적 태도를 취한 거예요. 지금이 그래야 할 때라고 생각한 거죠."

다락을 두어 생활 공간 면적도 늘리고, 불편한 집이 좋은 집이라는 반기능성의 미덕도 실험했다. 저 다락 위에서 명상의 시간을 갖는다.

그의 귀향담은 도연명처럼 세속에 염증을 느껴 돌아와 부르는 〈귀거래사〉도, 뜻한 바를 이루고 돌아와 누리는 안빈낙도도 아니다. 그는 만허당과 호접몽가(기본학교 강의동으로 만허당 옆에 위치한다)가 '생각을 시작하는 곳'의 중심이 되기를 바란다. 자신이 그러했듯 젊은 인재들이 더 나은 나라의 국민이 되기 위해 스스로 생각하는 일을 이곳에서 배워 가기를 소망한다.

겸손하지만 당당한 집

복원할 수 없을 정도로 낡은 옛집에 사는 대신 집을 새로 짓기로 마음먹고 그는 독서 클럽에서 만난 벗, 서기 건축가에게 집 짓기를 청했다. 건축가에게 건넨 말은 "겸손하지만 당당한 집"과 "마을을 배려하고 어우러지는 집", 이뿐이었다.

"저는 건명원을 통해 공간이 주는 교육 효과를 깨달았어요. 건물의 오라를 공유하는 일, 지적 승화를 경험한 거죠. 그 후로 늘 말해 왔습니다. '집은 벽돌로 쌓은 철학이고, 철학은 개념으로 지은 집이다.' 이런 이야기도 했죠. '자신이 어떤 사람이 되고 싶은지 알려면 건축가에게 의뢰하지 말고, 고백해라. 건축가는 훈련된 영혼으로 네가 그러한 사람이 되고 싶을 때 어떤 공간이 필요한지 알려 주고, 구현해 줄 것이다.' 서기 선생님과 나는 따로 고백할 필요가 없는 오랜 지우였고요."

서기 건축가는 촘촘한 건축 일기로 최진석 교수가 '개념으로 지은 집'을 구체화해 갔다.

"시도 때도 없이 침침하던 눈이 오랜만에 상쾌해 모임에 나갔다. 헤어지는 길에 집 이야기가 스쳐 지나갔다. 고향 집을 짓거나 고치고 싶으시단다. 최 교수님 일인데 무슨 셈을 하랴. 무조건 오케이! _2017년 1월 23일"

"꼭 1년 반 만에 최 교수님 댁 공사가 시작되었다. 맞은편 집으로부터 참으

천장은 높게 하고 창은 많이 두었고, 손님을 위해 작은 방을 여러 개 만들었다. 28평 안에서 공적 업무와 사적 일상이 모두 일어나는 집이라 침실, 부엌, 욕실 등은 아주 작게 만들었다.

사는 이의 삶을 닮은 사물들.

로 기분 좋게 담을 철거하도록 허락받고서 오늘 새집을 짓게 되었다. 담장 경계가 새로 확인된 곳은 여덟 군데이고, 우물을 파서 수도로 이용하는 샘은 다시 살리고…. 땅의 기운을 살릴 수 있도록 배치 계획도 여러 번 변경했다. 아침 9시, 간단하게 고사를 지냈다. 박태후 선생님 부부의 준비, 만점. 동네 할머니들이 총동원되어 기운을 북돋아 주셨다. _2018년 8월 15일"

서기 건축가는 '마을을 배려하고 어우러지는 집'을 위해 동네부터 살폈다. 마을 어르신들로부터 최 교수 삶의 스토리를 발굴하고(그도 잊은 역사!), 골목과 숲을 눈에 담았다. 동양의 사유 틀에서 가장 큰 세계의 이름은 집(우주宇宙)이다. 세상 모든 것을 담는 가장 큰 공간이 집이라는 이야기다. 서기 건축가는 최진석 교수의 우주를 만허당으로 펼쳐 놓았다. 스물여덟 평짜리, 가득 차고도 빈 집을 위해 다락을 올리고, 천장은 높게, 침실과 부엌은 작게, 창은 많이…. 그리하여 만허당은 글도 쓰고 작은 강의도 하고 명상도 하는 집, 공적 업무와 사적 일상이 어우러지는 집이 되었다. 무엇보다 이 집은 '겸손하지만 당당한 집'이라는 과업에 성공했다. 사는 이의 삶을 가리지 않고 배경이 되는 집, 마당을 가로지르고 대청과 다락 계단을 오르는 불편을 기꺼이 감수하는 집, 반기능적이어서 더 좋은 집. '세운' 집이 아니라 정성을 다해 '지은' 집 말이다. 그러고 보니 서기 건축가야말로 홍운탁월의 인연이 아닐까. 이것을 드러내기 위해 저것을 버리는 일을 도운.

서기 건축가는 만허당 옆에 아버지의 창고 만복고滿福庫도 잘 고쳐 넣었다.

"원래 아버지가 책도 두고, 쌀도 보관하던 곳이에요. 아침마다 밭에서 하나씩 돌 주워 오는 심부름을 시키셨는데, 그 돌로 지은 창고죠. 훌륭한 글씨는 아니지만 아버지가 '온갖 복이 들어오라'는 뜻의 만복고를 베니어합판에 먹물로 써서 걸었어요. 나중에 전각 작가 소봉 김충열 선생께 부탁해 새로 새겼죠. 그러고 보니 이 터도 아버지가 남긴 것, 만복고의 긴 창으로 보이는 뒤뜰에 있는 나무도 부모님이 심은 것, 만허당 현관 마루도 내가 뒹굴던 툇마루를 복원한 것이군요. 이 집과 터의 기억이 과거에만 머물지 않고 나의 현재 속에서 항상 함께 있는 느낌입니다. 앞으로 내가 살아갈 방향을 묵묵히 지켜봐 주는 아버지 같은 공간이죠."

만허당 바로 옆에는 '만복고'가 있다. 아버지가 지은 창고를 개조한 공간으로, 작은 세미나도 열고 창고로도 쓴다. '만복고' 현판은 아버지의 글씨를 전각 작가의 손을 빌려 새롭게 다듬은 것이다.

아직 오지 않은 곳으로 건너가라

"노자는 말합니다. '뒤로 물러서라, 그러면 네가 앞서 있다.' '손을 펴라, 그러면 갖게 될 것이다.' 정면의 방법이 아니라 배면의 방법입니다. 또한 무위無爲라는 말은 큰 성취를 위해 '하지 않는 것'입니다. 앎은 모르는 곳으로 넘어가는 것입니다." 그는 자신의 보금자리에서 '아직 오지 않은 곳'으로 건너감을 꿈꾸고 있다. 이미 정해진 모든 것과 갈등하며 질문하고 반역을 꿈꾸는, 사람다운 사람을 가르치면서 말이다. 그리고 그는 이 집을 통해 세상으로 나아갈 것이다. 자, 집은 얼마나 안전하고도 위험한 장소인가.

최진석

한국의 '인문학 바람'을 이끄는 대표 학자로 과학적 · 철학적 · 인문학적 연구와 학술 활동을 하는 '새말새몸짓'을 설립하고 인간으로서의 갖춰야 할 태도와 자질을 양성하는 '새말새몸짓 기본학교'를 운영하고 있다. 서강대학교 철학과 교수를 역임했고, 창의적 리더와 인재 육성을 목적으로 세워진 교육 기관 '건명원'의 초대 원장을 지냈다. 대표 저서로는 《탁월한 사유의 시선》, 《인간이 그리는 무늬》, 《나 홀로 읽는 도덕경》 등이 있다.

Chapter 2

일터가 된 집

아티스트 씨킴의 제주살이

나에게는 꿈이 있습니다, 두 번째 이야기

아라리오 그룹의 수장으로, 예술가 씨킴으로, 세계 미술계의 큰손으로, 피리 부는 사나이처럼 MZ 세대까지 제주 탑동 '아라리오 로드'로 불러 모으는 아트 디렉터로…. 하는 일이 많아 보이긴 하지만 그의 재료는 한 가지다. 바로 예술. 그는 그 주제에서 벗어나지 않는다. 그러나 '예술 하는' 그는 허공보다 자신의 발밑을 믿는 현실주의자다. 지극히 '이 세상의 예술'을 하는 그는 매일 새로운 꿈을 꾼다.

이 집에서 보는 별은 밝고 크고 수려할 것이다. 이 집에서 보는 바다 또한 넓고 깊고 수려할 것이다. '좌 우도, 우 성산', 이쯤 되는 바닷가 마을에 그가 산다. 이 집에 사는 그의 어깻죽지에선 왠지 깃 펴는 소리가 날 것 같다고, 나는 멀리 허공을 수평으로 건너는 비행기를 보며 생각한다.

2007년, 제주 하도리 작업실에서 매일 열 시간씩 손톱이 닳도록 그림을 그리던 씨킴을 만났다. 그는 100호, 200호짜리 대형 캔버스에 소형 작품에나 쓰는 콩테, 파스텔을 칠하고 문지르고 또 칠하는 중이었다. 30년 가까이 비즈니스에서 성공의 탑을 쌓아 올린 사람, 2005년《모노폴》의 '세계 100대 컬렉터'에 선정될 정도로 작품 수집에서도 성공의 탑을 쌓은 사람이다. 그러나 당시 그는 모든 수식을 벗고 위대한 작가가 되고 싶다고 선언한 채 지독한 셀프 트레이닝을 하는 중이었다. 그때 그가 들려준 이야기가 마음을 눅신하게 눌렀다. "호랑이가 어느 날 식성

저 앞으로 성산일출봉이 바라보이는 천하 절경의 집. 마당에 겨울 나목처럼 서 있는 것은 나무가 아니라 씨킴의 조각 작품이다.

에도 맞지 않는 토마토를 토스터에 구우려 합니다. 세상에 못 할 일 없다 믿고 있던 호랑이는 한없이 작아짐을 느낍니다. 하지만 호랑이는 토마토 박스를 잔뜩 쌓아 놓고 끈질기게 토마토를 구워 봅니다."(당시 그의 네 번째 개인전 주제도 '슬픈 호랑이, 구운 토마토'였다.)

십수 년 후 그는 여전히 개발코(재복이 들어 있다는 복코)를 찡긋거리며 고지식해 보일 정도로 고집스러운 기세로 작품에 몰두 중이었고, 제주 탑동에 수년째 만들고 있다는 '아라리오 로드'도 세상의 이목을 끌고 있었다. 그리고 오랜만에 만난 그의 이야기는 모든 끝이 하나로 묶이는 듯했다.

Why Not?

"나는 어릴 적부터 열등감을 안고 살았어요. 'Why Not?' 마음속에 이런 소리가 맴돌기 시작하면 그것에 몰두해 주변 소리를 듣지 못하고, 멍하게 있고…. 핸들 잡은 것도 잊으니 자동차 운전도 할 수 없을 정도로 말이죠. 대학도 삼수 끝에 후기 대학에 들어갈 정도로 지식이 부족했고요. 나는 그게 재앙이고 벌인 줄 알았어요. 남들은 내 머릿속을 모르니까 '저거 뭐 하는 거야?' 하고 손가락질하고, 배신하고. 살면서 상처를 많이 받았죠. 버려지는 물건에 동정심을 많이 느끼는 건 이런 이유 때문 같아요."

아… 대개의 위인전은 이렇게 시작하지 않는다. 화술, 건강미가 넘치는 듯한 지금의 그에게서 그런 모습을 짐작해 내기란 쉽지 않다.

살아서 몸뚱이 불태우는 짓이 사업이라 했거늘, 그는 30여 년이나 사업가로 살았다. 1978년 어머니가 빚 대신 받은 천안 터미널을 그가 맡은 지 6개월 만에 매달 적자 300만 원에서 흑자로 돌려놓으며 시작한 사업이었다. 돈이 없어 허덕일 때 수면제 30알을 들고 죽음의 문턱까지 간 적도 있다는 것, 천안 야우리 백화점 회장 집무실에는 그 시절 공포를 극복하기 위해 '매미의 꿈'을 적은 동판 '드림 드림 드림'(맴맴맴 우는 매미 소리가 그에겐 이렇게 들렸다)이 있었다는 것…. 삶의 떫고 쓴맛을 맛본 사람의 이야기이다.

"나는 여태까지 부정과 긍정을 두고 선택한 적이 없어요. 긍정만 놓고 이걸 어떻게 하면 더 잘할 수 있느냐를 생각했지. 'Good'에서 더 나아갈 일, 'Better'까지

이 자리에서 회의도, 식사도, 드로잉 작업도, '바다멍'도 한다. 가끔 다목적이 무목적으로 변하는, 전통 건축의 마당 같은 공간이다.

욕심냈다간 낭패 볼 일, 'Best'까지 욕심낼 일…. 이런 걸 생각하기도 바쁜데 말이죠." 이러한 자기 긍정도 쓴맛을 참고 삼킨 이에게만 오는 기쁨일 터다.

"1978년에 처음으로 남농 허건 선생하고 청전 이상범 선생의 작품을 샀어요. 왜 샀냐고? 나도 모르겠어요. 우연인지 운명인지 내 몸에 이상하게 예술이 들어왔어요. 예술이 내 마음 밭에 씨를 뿌린 거야. 진짜 내 인생에 예술이 없었다면 나는 형편없는 인간이 되었을지도 몰라요. 물질로 성공했더라도 볼품없는 돈이었겠죠. 그때부터 병에 걸린 것처럼 그림을 생각하고 생각하니까 보는 눈이 생기고, 비행기를 1,000번도 더 타며 좋은 작품을 구하다 보니 갤러리 주인도 되고. 1999년부터 갑자기 그리지 않으면 터질 것 같아서 원을, 비가 무지개가 되는 과정을 그리다 보니 지금의 씨킴이 되고. 병인 줄 알고 있던 'Why Not?' 덕분에 여기까지 오게 된 거네요."

철학적 의미의 수사가 아니다. 그에게는 예술이 생존 차원에서의 구원이었을 것이다.

낡은 것을 위한 시

내가 되밟은 그의 발자국은 '생명과 영혼'이다. 앞서 그가 말한 '버려지는 물건에 동정심을 많이 느낀다'는 것이 그 실마리다.

"1990년대 초 어머니를 여의고 굉장히 힘들었어요. 내게는 선생님이자 모든 것인 분이니까요. 그동안 슬쩍 덮어 둔 삶과 죽음, 그 근원에 대한 질문이 차오르기 시작했어요. 예전의 병처럼 또 그것에 빠져 허우적대다 어느 날 문득 '내가 할 수 있는 게 있겠구나'

하는 생각이 들데요. 나는 생명체가 아니더라도 어떤 감정을 주는 대상이면 그것에 영혼이 있다고 믿어요. 똑딱똑딱하던 벽시계가 멈추면, 그건 죽음을 맞이한 것이지만 다시 움직이게 하면, 그건 생명을 얻은 것이잖아요. 왜냐면 그걸 보는 사람에게 감정이 생기게 하니까. 생명은 곧 감정인 거죠. 어떤 걸 봤을 때 따뜻한 물을 마시듯 머리가 맑아지고 풍요로워지면 저는 그것이 영혼이라고 생각해요. 그런 걸 느끼는 순간부터 제 컬렉션이 좋아졌어요. 예술에서 가장 중요한 것은 '생명과 영혼'이라는 것을 깨달은 거죠."

어릴 적부터 무리와 동떨어져 시간을 보내는 데 익숙한 그는 쓰임을 다해 버려진 물건과 자신을 동일시해 왔다. 아티스트 씨킴에게도 그 물건은 생명과 영혼을 불어넣고 싶은 대상이었다. 일찍이 시멘트, 철가루, 목재, 목공용 본드 등 건축 재료를 자신의 작업 영역으로 들여왔고 《롤링스톤》, 《포춘》, 《GQ》 등 대중 잡지 표지를 200호 커피 페인팅 연작으로 전시하기도 했다. 아라리오 백화점에서 쓰다 폐기한 마네킹, 해변으로 밀려온 고철 부스러기, 직접 모은 일회용품도 고스란히 당당한 작품 재료가 되었다.

그는 2014년부터 탑동 살리기에 나섰다. 1990년대 제주 최고의 번화가였지만 남쪽 신도시로 중심이 이동하며 지금은 구도심이 된 탑동을 되살리는 프로젝트다. 1990년대 탑동 중흥기를 함께하던 동문 모텔, 2005년까지 젊은이들의 아지트이던 탑동 시네마처럼 쓰임을 다하고 버려진 공간을 2014년 아라리오 뮤지엄으로 재생한 것도 생명과 영혼에 연루되어 있다. 그걸 살려서 탑동에 다시 생명을 주고픈 것이다. '롱 라이프 디자인'을 핵심으로 작업하는 디자이너 나가오카 겐메이와 뜻을 함께하며 '디앤디파트먼트D&Department'를 아라리오 로드의 한 축으로 둔 것도 같은 맥락이다. 경매에 나왔으나 유찰된 건축가 김수근 선생의 공간 사옥을 시세보다 30퍼센트 비싼 금액을 주고라도 구입해 첫 아라리오 뮤지엄으로 만들고 그 건축의 오랜 시간을 살려 두려 한 것도 이 이야기로 통한다. '스토리와 스토리가 합쳐져서 히스토리가 된다'는 것을 믿는 이의 행보다.

신데렐라 하우스의 씨킴

저 멀리, 허공을 수평으로 건너는 비행기를 바라보는 성산의 집. 본래 이 집은 하루에 1만 원을 받던 게스트하우스였다. "들어가니 포로수용소 같더라"라는 이 집에 왜 사람들이 드나드는지 살피니 그 앞바다가 천하 절경이었다. 이민 간 집주인과 대리인인 그 조카에게 7년 동안 구애를 했다. 수중에 넣은 후 건축가 대신 '집 짓는 이'라는 말이 마침맞은 이와 뼈대만 남기고 집을 뜯어고쳤다. 그리고 마당 한쪽, 잘생긴 나목이라 착각할 나무 형상의 조각도, 함선의 바위 닻처럼 생긴 조각도 제자리를 잡아 주었다.

이 집에는 목적이 잘 안 보이는 공간이 여럿이다. 밥 먹는 부엌도, 그림 그리는 작업실도, '바다멍' 하는 참선방도 되는 공간이 그렇다. 하긴 우리 옛집 마당이 그러했다. 깨도 털고, 잔치와 제사도 치르고, 벌렁 누워 별을 보기도 하는, 목적이 정해지지 않는 공간이었다.

또 이 집은 동선이 꽤 길다. 대청을 오르고, 마당을 가로질러야 하며, 뒷간 갈 때조차 신을 신고 벗어야 하던 옛집처럼 말이다. 문도 몇 없다. 동선을 한껏 줄여 놓았지만 문 하나만 닫으면 완벽히 '먼 집'이 되는 요즘 집과 좀 다르다. 어쩌면 옛날 집처럼 동선이 길어서 사유할 수밖에 없는지도 모른다. 전통 건축을 연구한 적도 없는 그가 지은 집이다.

그는 이 집에 '신데렐라 하우스'라는 이름도 붙였다. 들르는 이들이 유리 구두 신은 신데렐라처럼 비상하는 집, 새 모습으로 변해 가는 집이면 좋겠다는 마음이 들어서다.

이 집에서 그는 아침 5시면 일어나 잡지나 신문 위에 드로잉 작업을 한다. 그를 혼내는 유일한 사람, 그가 '내 마음의 보석 상자'라고 부르는 정신적 도반인 아내의 "사람이 말이야, 전시를 좀 뜸을 들여서 해야지" 같은 지청구도 들어 가면서 말이다. 사업적인 것은 아들('아라리오 제주'의 김지완 대표)과 (주)아라리오 대표에게 맡기고, 그가 주로 하는 일은 미술관 일, 새로운 작가를 찾는 일이다.

"요새는 아침 5시 반이나 6시쯤 해가 꽉 떠요. 그걸 보고 있으면 뭔가 풍운의 뜻을 가득 품는 것 같아서 그렇게 좋아요. 막 새로운 희망, 굉장한 희망 말이에요. 이곳에서 뭘 하냐면…. 그전에 먼저! 내가 여기까지 올 수 있던 거는 에너지를

자화상과 다른 작가가 그린 씨킴의 초상화.

잘 지니고 있었기 때문이죠. 나는 힘을 낭비하지 않거든. 문자 같은 것도 안 해요. 그 게이트에 들어가면 또 다른 게 생겨. 복잡해지지. 자기 자신과 대화하고 즐겨야지, 문자 보낼 시간이 어디 있어요. 나는 전시를 보거나 옥션에 가는 게 아니면 여행도 안 좋아해. 목적 없이 낯선 곳에 가면 발작 비슷한 게 생겨요. 차를 타면 자야 해, 무조건. 아니면 생각하거나 전화를 걸어 이런저런 걸 지시하거나. 내 머릿속 생각과 에너지를 잘 보관하는 게 중요해요. 이 집에서 나는 그런 걸 해요."

어린아이 그림 같은 예술을 꿈꾸며

"어린애 같은 그림, 매일의 구체적 삶이 배어 있는 어른의 그림일기 같은 그림"을 그리고 싶다던 그. 그 꿈은 지금도 여일하다. 주저 없다는 점에서 대가와 아이는 닮았다. 억압도 금기도 모르는 아이의 태생적 자유, 구도 끝에 대가가 다다른 걸림 없음. 씨킴은 그런 예술을 꿈꾼다.

"어린아이는 분명히 사과의 생김을 알고 먹어 보기도 했는데, 전혀 다른 걸 그려 낸단 말이에요. 그 머릿속에서 사과 이상의 뭔가가 상상되는 거거든. 그런데 나는 아직 그 연결이 안돼요, 어린아이 같은 마음이. 진짜 너무 답답하지."

바꿔 말한다. 어쩌면 그가 이루고자 하는 필생의 역작은 자기 자신일 터다. 그는 자신이 지닌 생각과 마음이 그림과, 사진과, 설치와, 조각과 똑같은 작가가 되기를 꿈꾼다. 어린아이처럼. 그가 예술을 캔버스에만 두지 못하고 삶 속으로, 와글대는 저자로 확장시키는 이유도 그것일 터다.

어릴 적 회현동에서 자란 그는 여름이면 남산에서 매미를 잡고, 겨울이면 남산 비탈길에서 썰매를 탔다. 비가 그친 후 남산에는 큰 무지개가 자주 떴는데, 그 색감을 보면 마음이 벅차올랐다.

"내가 1999년부터 그림을 그리지만, 왜 그리는지 아직도 모르겠어요. 다만 내 머릿속에 떠오르는 기억, 문장, 내 주변의 사건, 형상이 내게 그림을 그리고 싶다는 충동을 불러일으키는 것 같아요. 남산 숲속의 시간도 그런 것이죠. 아직까지 어린아이 같은 감정을 그림에 못 그려 내고 있는데, 이렇게 어린 시절을 떠올리면 순간적으로 툭툭 나오는 게 있어요."

나는 그가 예술을 찾기 위해 헤맨 구도의 반경이 어느 정도인지는 알 수 없

목적이 모호한 여러 공간.

다. 그러나 누구보다 오래, 치열하게, 먼 길을 돌아왔을 것은 자명하다. 내가 그에게서 새의 깃 펴는 소리를 듣는 것은 그저 환청이었을까. 오늘도 열심히 날갯짓하며 헤매는 중이며, 열심히 돌아오고 있는 중이 아니었을까. '새들의 집' 하늘과 '물고기의 집' 바다가 수평으로 맞닿은 그 성산 집으로 말이다.

씨킴

본명은 김창일로 백남준부터 장미셸 바스키아, 앤디 워홀까지 국내외 스타 작가들의 작품을 보유하고 있는 세계적인 컬렉터이며, 3개의 갤러리와 4개의 뮤지엄을 운영하는 사업가이다. 또한 아티스트로서 십수 차례 개인전을 개최하며 실험적이고 독창적인 미술 세계를 펼치고 있다.

도예가 김정옥의 미리내 집

오늘도 나를 지키며 우아하게 산다

라이프스타일은 '결'이다. 요즘처럼 시국이 불안하고 일상이 위협받을 때 그 결은 흔들리기 십상이다. 도예가 김정옥의 라이프스타일은 중심이 확실해 보였다. 원하던 것과 원하는 것이 명확했고 그걸 갖기 위해 하루하루 실천하는 삶을 살았다. 일상과 가치관, 덤벙 분청 작업도 마찬가지. 기꺼이 불편함을 감수하고 과정 하나하나를 제대로 하는 데서 오는 우아함이 있었다.

"기꺼이 밥을 지어 주는 사람이 되기로 했어요"

경기도 안성 미리내 예술인 마을에 있는 그의 거처는 작업실과 집으로 나뉜다. 왼쪽으로는 소나무 숲이 펼쳐져 눈이 다 시원해지는 언덕 아래쪽에 쇼케이스 겸 작업실이 있고, 그 위로 단정한 사각형 집이 펼쳐진다.

현관문을 열고 들어간 집은 빛이 한가득했다. 그리고 꽃향기보다 좋은 고소한 기름 냄새가 났다. 김정옥 작가는 손님이 오면 어떻게든 시간을 내 '밥'을 내놓는 걸로 유명하다. 1, 2년마다 오픈 스튜디오를 열어 사람들과 비빔밥도 먹고 스파게티도 나누며, 삼계탕도 끓인다. 방배동 안수복 선생님에게 요리를 배웠는데, 집중해서 요리하는 것도, 본인 그릇에 담아내는 것도 즐거워 계속하다 보니 취미생활을 넘어 일상의 약속이 되었다. 오늘의 메뉴를 묻지 않을 수가 없었다. "멸치랑 다시마, 표고버섯으로 육수를 낸 국수를 만들 건데 죽방 멸치라는 게 중요해

1

2

요. 불고기 양념한 쇠고기에 파를 말아 넣은 쇠고기 파 마키도 낼 거예요." 국수는 나도 할 수 있지 않을까 싶어 레시피를 물었다가 설명을 듣자마자 포기했다. "멸치랑 다시마를 하루 전부터 찬물에 불려요. 다음 날 건더기를 건져 내고 그 물에 표고버섯을 넣고 은근히 끓여요. 표고버섯 향이 우러나오게 하는 거죠. 집 간장과 소금으로만 간하고 양념장은 육수 우릴 때 쓴 표고버섯이랑 파, 마늘을 다져서 만들어요."

음식 나누는 즐거움은 "어떻게 사는 것이 잘 사는 것일까?" 하는 물음에 그 스스로 내린 답이자 다짐 같은 것이다. "그 집에 가면 집밥을 준다, 그 사람은 밥을 꼭 해 준다, 저는 이 말을 듣는 사람이 되기로 했어요. 좋은 그릇에 좋은 음식을 담아내고, 좋은 음악을 듣고, 좋은 와인을 마시면 서로 좋잖아요. 음식을 함께 즐기는 집이 행복이 가득한 집 아니겠어요?"

늘 웃음과 음식이 넘치는 집 같지만 사건 사고도 많았다. 이곳으로 이사 온 다음 날에는 2층 계단을 오르다 미끄러지면서 큰 부상을 입었다. "갈비뼈 네 대가 부러지고 손목을 삐었어요. 그러니 작업을 못 했지요. 그렇게 넘어질 때 마치 집 어딘가에 있는 축대가 무너진 것처럼 느껴졌는데, 이 집의 텃세였던 것 같아요." 이를테면 집의 신이 장난을 쳤다는 건데, 나는 그 말이 유독 재미있었다. EBS 〈건축탐구 집〉에 출연 중인 건축가 임형남 소장은 한국에서 단독 주택을 가장 많이 지은 사람 중 한 명인데, 그가 늘 이야기하는 것이 정령이든 귀신이든 집에는 신이 있다는 것이다. 그에 따르면 한국의 땅은 지질학적으로 노년기에 속해 역사가 긴 만큼 귀신도 많단다. 명당, 흉가, 흉당凶堂 등에 다 가 봤는데, 최근에는 평상복을 입고 굉장히 분주하게 움직이는 귀신도 봤다는 것이 그의 전언이다. 이런 이야기

1 앞쪽으로는 통유리가, 뒤쪽으로는 중정이 펼쳐지는 거실. 오후 2~3시, 화창한 날의 봄볕은 중정 유리를 통과해 거실 마루를 지나 그 앞 통유리까지 긴 광선을 그린다.

2 꿀맛 같은 잠을 보장하는 1층 한실. 오른쪽 창호 문을 열면 바로 마당이다.

를 들려주자 김정옥 작가가 말을 보탠다. "이 집을 파신 분하고 통화를 했더니 중정에 뭐를 놔뒀냐고 묻더라고요. 큼지막한 돌로 좀 기운을 눌러 줘야 한다면서요. 저는 도자기로 만든 빨간색 오리 떼를 놓아두었는데 그 뒤로는 그런 일이 없었어요." 이런 일을 겪고 나면 집에 정이 떨어진다거나 무섭다거나 할 테지만, 그는 별일 아니라는 듯 담담하게 말했다. "혼자 살면 무섭지 않냐? 어떻게 사냐? 묻는 분이 많은데, 제 공간이고 제 물건들이 있는 집이니 그런 건 없어요. 이전 작업실도 모두 울(울타리)도 담도 없는 집이었어요."

내게 무엇이 중요한지 확실히 안다

오리 떼를 놓은 중정은 김정옥 작가가 예전부터 좋아하던 개념이자 공간이다. 마당도 되고 정원도 되고 볕의 놀이터도 되는 곳. 보기에 따라 안도 되고 바깥도 되는 그런 공간이 볕을 걸러 주고 중첩된 풍경을 만들어 집을 한층 입체적으로 만든다고 생각한다. 주방이 좁은 이 집을 선뜻 구매한 것도 확실하게 원하던 중정이 있었기 때문이다.

건축가 조남호가 설계한 이 집은 단정하고 심플한 외관을 하고 있지만 재미있는 공간이 많다. 1층에 있는 한실도 그중 하나다. 침대 하나 들어갈 정도로 작은 방. 한지로 마감하고 창호 문을 달아 볕 좋은 날에는 순화된 빛이 잔잔하게 일렁인다. 작은 쪽문은 바깥마당과도 연결된다. 하이라이트는 건물 바깥쪽에서 그 작은 문 위로 올린 지붕. 얇은 철근으로 얼기설기 엮어 간단한 프레임을 만들고, 그 위에 작은 함석판을 올려 두었는데 보면 볼수록 아름답다.

중정과 더불어 김정옥 작가가 아끼는 곳은 2층 서재다. 폭이 좁고 긴 테이블과 의자 하나만 있지만 쉼표 역할을 톡톡히 한다. "이곳에 앉아 바깥을 보고 있

김정옥 작가의 작업실은 그야말로 '블랙홀'이다. 도시락부터 트레이까지 작품 종류가 다양한 데다 저마다 귀티가 나 코를 박고 들여다보게 된다.

음식과 그릇은 김정옥 작가를 설명하는 가장 확실한 키워드다.

으면 창밖 너머 구름이며 소나무 숲이 생생하게 보여요. 멍한 채로 그 풍경을 보고 있으면 내가 정말 과분한 행복을 누리고 있다는 기분이 들죠. 안마 의자도 없고, 테이블도 크지 않지만 책 한 권 올려 둘 수 있으면 충분해요. 잠시 쉬는 거지, 아예 드러누워 자는 공간이 아니잖아요. 이 정도면 돼요."

그의 말은 이렇듯 정확했다. 이것도 좋고, 저것도 좋은 애매한 표현이 없었다. 1층 거실에서 꽤 오랜 시간 인터뷰를 했는데, 양반다리를 하고 노트북에 타이핑을 하자니 어느 순간부터 나는 허리가 아파 자세가 무너지는데, 그는 내내 꼿꼿했다. 식사를 할 때도 무릎을 꿇고 허리를 반듯하게 편 채였다. 혈색도 좋았다. 육십 줄에 들어선 지 오래지만 눈가에 주름 한 줄 없었다. 그걸 알아챈 후 던진 내 질문의 핵심은 어떤 생각과 루틴으로 살기에 그런 자세와 혈색을 지닐 수 있는지 하는 것이었다. "아침 7시에 일어나 고양이 밥을 주고 가톨릭 신자니까 잠시 기도를 해요. 아침 식사를 한 후에는 아래쪽 작업실로 가 일하고, 점심밥을 먹으러 다시 올라와요. 식사를 한 후에는 다시 작업실로 내려가요. 간혹 시간을 넘길 때도 있지만 오후 6시가 되면 작업복을 벗어요. 반복적인 삶이지만 생각해 보면 좋은 것만 하는 것 같아요. 먹고, 듣고, 걷고, 자고, 일하고. 불필요한 건 갖지 않고 괜한 곳에 기웃거리지도 않아요. 심리적으로 안정감을 느끼고 사람들에게도 따뜻하게 대할 수 있는 마음은 차분한 일상의 반복에서 나오는 것 같아요."

그러면서 그는 영화 〈위대한 침묵〉을 거론했다. "알프스 깊은 계곡에 묻힌 수도원의 일상을 보여 주는 영화인데, 그 영화를 보고 '일상의 숭고함' 같은 걸 느꼈어요. 밥 짓는 사람은 계속 밥만 짓고, 옷 짓는 사람은 계속 옷만 만들어요. 마지막 부분에 수도사들이 썰매를 타는 장면이 나오는데 어쩌면 그렇게 해맑고 기분 좋게 웃는지. 그들의 단순하고 고요한 삶을 생각하면 그렇게 웃을 수밖에 없겠다는 생각도 동시에 들지요. 제가 금 밟으면 죽는 타입이에요. 이태원에서 탱고도 배워 보고, 내 안의 열정 같은 걸 불태워서 접신한 것 같은 상태에서 파격적인 작품을 만들고 싶다는 생각도 해 봤는데, 이내 마음을 고쳐먹었어요. '예술은 다 파격이어야 하나?' 하고 생각하면 또 그건 아니거든요. 오래가려면 성실해야 하고, 성실하려면 일상의 루틴이 잡혀 있어야 한다고 생각하니 그다음부터는 쉬웠어요."

아래채가 작업실, 위채 흰 건물이 집이다.

세련되고 호방한 미감의 작품들

일상에서는 금을 넘지 않을지언정 작업에서는 경계 없이 활달하고 자유분방하게 움직인다. '활달한 기상'이 특징인 덤벙(백토물에 덤벙 넣었다 빼는 방식) 분청의 매력을 극대화한 작업이랄까. 특유의 매력이 넘치는 작품은 역시 그릇이다. 청화 안료로 기세 좋게 포도문을 그려 넣은 분청 항아리는 씩씩하고 질박한 기운이 남달라 한참을 보게 된다. "청화 백자는 많지만 분청 사기에 청화 안료로 그림을 그린 작품은 옛 문헌에도 없어요. 옛날에는 푸른 안료가 값비싼 수입품이었기 때문에 백자에만 쓰기에도 모자랐을 거예요. 몇 년 전 중국 도자기의 고향이라 불리는 징더전景德鎭에서 열린 〈도자천년〉이란 전시를 보고 청화의 매력에 빠졌어요. 이후 징더전에서 계절 학기로 수업을 듣고 동양화도 따로 배웠어요. 중국은 흙이 좋아 초벌을 안 한 태토에 그림을 그리니 수채화처럼 정교하게 그릴 수 있지만, 한국은 초벌을 한 후 그림을 그려야 하니 쉽지가 않아요."

그의 작업은 시간이 배로 소요된다. 작품의 자연스러운 맛을 살리기 위해 작은 항아리도 상하부를 따로 만들어 달항아리처럼 합체하고, 저마다 미묘한 깊이의 색감을 살리기 위해 어렵게 구한 콩깍지 재를 유약 재료로 활용한다. 흙도 청자토, 산청토, 옹기토 세 가지를 섞어 쓴다. 온도를 높이 올려 제작 시간을 단축하는 일은 하지 않는다. 그의 작품에서 귀티나 우아함을 느낀다면 그건 처음부터 끝까지 모든 과정을 하나하나 제대로 매듭짓는 과정에서 심지 같은 것이 쌓인 덕분일 것이다.

김정옥

공예과에서 도자기를 전공한 뒤 40년 넘게 도예가의 길을 걷고 있다. 생활 도자나 조형 도자, 어느 한쪽으로 치우치지 않고 파티션부터 거울, 스탠드 조명등, 세면대까지 예술을 일상으로 끌어들이며 도자기를 구워 내고 있다.

미술가 안규철의 산마루 집

천사가 지나가는 시간

"미술이 어떻게 삶을 이야기할 수 있을까"를 30년 동안 고민해 온 개념 미술 작가 안규철. "예술은 예술, 삶은 삶"이지만, 그 안에서 접점을 찾는 것을 소명이라 여긴다. 평창동 언덕배기 작업실에서 달팽이처럼 느리고, 수공업자처럼 수고로이 그 답지를 적어 간다. 그리고 예술가가 사라지는 법을 담담히 묵상 중이다.

여러 번의 오후가 공기 사이로 쏟아진다고 표현할밖에. 온종일 그는 적막이 무장 쌓인 작업실에서 홀로 쓰고, 그리고, 깎고, 만든다. 느리고 성실하게. 달팽이걸음 같은 하루가 실상은 시간을 소금으로 바꾸는 고통의 과정이라 할지라도 외견은 자못 평화롭다. 20여 년 동안 한국예술종합학교 미술원 교수, 부원장, 원장 노릇을 하느라 하루 '30분짜리 예술가'로 살다가, 작년에 은퇴로 풀려난 후에야 얻은 평화다. 수십 년째 맡은 아침 식사 당번을 서고는 곧장 작업실에 내려온다. 그러고는 온종일 성실히 움직이다가 불현듯 "아무것도 생산하지 않는, 매우 비생산적 시간"을 맞는다. 그건 위무위爲無爲(아무것도 하지 않음으로써 모든 것을 하라는 노자의 가르침) 같은 시간이다.

"대화가 갑자기 끊기고 낯선 정적이 흐르는 순간을 독일어나 불어에서는 '천사가 지나가는' 시간이라고 부른다. (…) 그림을 그리거나 나무를 다듬는 동안

개념 미술 작가는 몸을 쓰지 않고 입으로만 일한다는 편견을 불식시키는 미술가 안규철의 공방. 그는 독일인 마이스터에게 나무 다루는 법을 배웠다. 한때는 마음속에 좋은 목수가 되는 꿈도 품었다.

재료들과 대화하고, 머리와 손이 대화하고, 왼손과 오른손이 대화한다. 이 말 없는 대화가 끊기고 정적의 시간이 찾아올 때, 내 안에서 천사가 지나갈 때 사물들은 전혀 다른 모습으로 다가온다."

이 천사가 지나간 시간의 기록을 모아 그는 산문집《사물의 뒷모습》을 냈다. "음, 홀로 앉아 무언가 생각날 때까지 있어 보는 거예요. 하루에 단 몇 분이라도 내게 여백을 주는 거죠. 스스로 질문을 던지고 답을 찾아보다가, 달팽이 기어가듯 꾸물꾸물 써 보다가, 그려 보다가, 허공을 바라보다가…. 음, 그런 찰나에 어떤 생각이 예고 없이 찾아와요. 이대로 끝인가 싶은 순간 섬광처럼 지나가기도 해요."

그때 다가온 생각을 태양 전지에 플러그 꽂은 것처럼 노트에 적어 내린다. 마음으로 묵힌 글은 조만간 그림이, 조각이, 설치 작품이, 영상이 된다. 그 때문일까? "천사가 지나가는 시간만이 내게는 예술가라는 이름이 부끄럽지 않은 시간"이라는 말이 단박에 이해가 된다. 그에게 떠오른 생각이란 것은 일상, 사물처럼 심심하고도 막막한 화두다. 인공 누액, 무뎌진 톱, 나사못, 옛날 사진 등 한낱 작은 사물에 스민 시간을 들여다보고 기록한다. 머그잔을 앞에 두고 "타인에게 자기 내면의 온도를 전하는 것, 그러기 위해 부도체不導體가 아닌 특별한 그릇을 만드는 것, 그것이 예술가의 일"이라 생각한다.

느티나무에서 마른 가지들이 떨어지면 "경쟁하는 가지들의 다툼을 중재하고 방향을 조정하고 잘못된 것은 미련 없이 쳐낸다. (…) 내가 감당할 수 있는 한계를 정하고 잘라 낼 것과 살릴 것을 정해야 한다"라고 다짐한다. 그렇게 쓴 글은 체로 거른 듯 정갈하고, 깊은 사유가 담겨 있다. 모름지기 누구든 글은 그 삶만큼만 쓴다. 글이든 무엇이든 모두 삶에서 나오는 법이므로.

사물은 책, 세계는 책

꽤 알려진 일화가 있다. 학창 시절 과외 선생님이 그에게 줬다는 벌, 창문 밖을 내려다보며 보이는 모든 것을 설명하라는 벌 이야기다. "그것은 종이 위에 물감 대신 말로 풍경화를 그리는 일과 같았다. (…) 그때 나는 처음으로 세상이 하나의 책처럼 읽을 수 있는 대상이라는 것을 알았다."(산문집 《아홉 마리 금붕어와 먼 곳의 물》 중) '사물은 책, 세계도 읽을 수 있는 책'이라는 그의 생각은 이 무렵부터 싹텄을 터다.

알다시피 그는 원하든 원치 않든 대표적 개념 미술가로 불려 왔다. 지뢰처럼 매설된 모순을 파헤치며, 삶과 세계에 대한 성찰을 질긴 언어로 표현하는. 작품이든 무엇이든 모두 삶에서 나오는 법이니, 그 삶의 연대기를 좀 풀어 본다.

그는 보성고 미술 교사 전성우(전 간송문화재단 이사장, 간송 전형필의 아들)의 인도로 미술에 입문해 1970년대 서울대학교에서 조각을 공부하고 《공간》, 《계간 미술》 기자로 일했다. 남의 그림을 글로 풀어 쓰는 직업인이 된 그는 7년 동안 "양손잡이처럼 오른손과 왼손을 쓰는 상태"로 살았다. 기자 시절, 1980년대 민중 미술을 주도하던 '현실과 발언' 동인으로도 활동했다. 시대의 통각에 대해 발설하는 민중 미술 작가들, "미술은 말이 아니라 형태"라는 모더니즘 작가들 사이에서 "세상에 대해 이야기하는 방식"을 고민했다. 1988년 서른세 살의 늦은 나이에 프랑스를 거쳐 독일 슈투트가르트 국립미술학교로 유학을 갔다. "68운동으로 민주화를 이룬 독일, 민주화 항쟁이 불붙은 한국. 그 역사적 시차 사이에서 한국인이든 독일인이든 공통으로 경험하는 대상이 무엇인지를 생각했어요. 역사도, 문화도 아닐 텐데…. 일상 사물은 공용어란 말이죠. 그때부터 사람들이 만든 물건을 책처럼 읽고, 그 안에 담긴 생각에 몰두해 왔어요."

7년 유학 후 구둣솔, 망치 같은 사물에 맥락과 의미를 부여하는 '오브제 조각' 전시를 열었을 때 동료 작가들은 "저걸 조각이라고 하냐?"라며 비판했고, 작품

산 너머가 홍제동인 평창동 언덕배기에 그의 집이 있다. 마당이 있고, 가파르게 계단이 뻗은 집이라 철철이 건사할 곳도, 안팎으로 손볼 곳도 많다.

1

2

3

은 팔리지 않았다. 상업 작가이기를 포기하고 미술관 전시, 프로젝트성 전시를 주로 열 때도 관람객으로부터 "이걸 보고 뭘 어떻게 하라는 말이냐?"라는 질문을 받았다. 그럼에도 불구하고 그는 사물을, 세계를 책처럼 읽는 작업을 놓지 않았다. 온화한 가면을 쓴 대통령 세 명이 돌아가며 국민 화합과 사회 발전을 되뇌던 시절에도, 한강 다리와 백화점이 주저 앉던 시절에도 그러했다. 다만 그전에는 '이것은 왜 이렇고, 저것은 왜 저렇지 않은지 생각해 보시오'라며 개념적 사유로 소통하려 했다면, 점점 더 '누구에게나 있음 직한 감정'을 건드리게 됐다는 점이 다르다. 그의 관심사는 줄곧 미술에서 언어를 회복하는 일, 구체적 현실과 미술의 관계를 복원하는 일이었다.

집, 사소한 것들의 고고학

선배 화가가 지었으나 병으로 오래 머물지 못하고 떠난 평창동 집에 5년 전, 그의 가족이 들어왔다. 마당 있는 집은 그에게 계속해서 요구 사항을 내 놓았다. 꽤 오래 집주인의 관심을 받지 못한 집은 한동안 그의 아침 글쓰기도, 주말 서점 나들이도 방해했다. 직접 목수 일도 칠도 미장도 하느라, 웃자란 잡초를 솎아 내느라 도무지 다른 일을 할 수 없었다. 곧 원래 생활로 돌아가리라 생각했으나, 결국 "집은 그 안에 사는 사람의 삶에 개입하는 인격적인 존재"임을 인정했다. 그리고 산마루의 호젓한 주택으로 말미암아 그의 생활 자체가 달라졌음을 받아들였다. "계단 난간의 촉감에서, 조금 낮게 걸린 욕실 세면대의 높이에서, 뒷마당 느티나무 그늘에서" 그는 20여 년 전 이 집을 짓고 산 이의 흔적을 헤아렸다. "집은 사소한 것들의 고고학"이며, "집은 내가 한참 뒤에 내가 모르는 어떤 이에게 전해질

1 현대문학상 수상자에게 수여하는 상패로, 그가 만든 작품이다.

2 그는 집과 방이라는 주제도 꾸준히 변주해 왔다. 모형은 목수 공방 같은 작업실에서 직접 만든다.

3 작업실에서 대패질 · 톱질을 하고, 목공 기계를 돌린다.

편지 같은 것"이라고《사물의 뒷모습》에도 썼다.

공구를 모으는 취미가 있고, 한때 목수가 되려 한 미술가는 1층 작업실에서 대패질·톱질을 하고, 목공 기계를 돌린다. '몸은 안 쓰고 입으로만 작업한다'는, 개념 미술가에 대한 오해를 불식하는 일상이다. 이곳에 살면서 그에게는 한 발짝 떨어져 세상을 관조하는 태도가 더해졌다. 그렇다고 대열을 벗어난 지난날의 도인이 된 건 아니다. 이 집에 살며 나무니 풀이니 하는 것이 글과 작품에 등장할 따름이다.

"어느 날 집 근처 계곡의 물소리를 듣다가 떠올렸어요. 빗물처럼 사람도 흐르다 머물고 스며들며 한세상 살고 있구나. 웅덩이에 머무는 동안 풀과 나무가 자라듯 사람도 머물며 자라고요. 그렇게 쌓인 생각을 글로 쓰다 2017년 국제 갤러리에서 연 개인전 〈당신만을 위한 말〉에서 설치 작품 〈머무는 시간〉으로 발표했어요. 길이 360센티미터의 각목에 홈을 파서 공을 경사로에 굴려요. 굴러가다가 멈췄다가 끝내 땅에 떨어지죠. '공이 굴러가는 짧은 시간이 삶이라면, 그 시간 동안 우리는 무엇을 하고 있는가?'라고 묻고 싶었어요."

은퇴, 산 아래 마당 집, 자녀의 독립 등이 그를 좀 나긋하게 만들었으나, 세상을 향한 그의 혀는 뼈가 없어도 여전히 단단하다. 그 안에 빼앗길 수 없는 것이 있기 때문이다. '눈 감고 비켜 가지 말지어다'란 잠언 같은.

인생+예술=인생, 인생-예술=인생

"내 삶이 곧 예술", "예술을 위해서 내 삶을 태운다"란 말이 멋지긴 하지만, 그의 말은 아니다. "인생에 예술을 더해도 그냥 인생, 인생에서 예술을 빼도 그저 인생"이 그의 말이다. 그는 예술과 인생 사이에서 어떤 접점을 찾으려 애써 왔다. 1991년 유학 시절에 제목을 지은, 그의 자화상 같다는 작품 〈무명작가를 위한 다섯 개의 질문Ⅱ〉에 그 실마리가 보인다. 독일어로 'kunst'(예술)라 쓰인 문에는 손잡이가 다섯 개 달려 있다. 예술의 세계로 들어가려면 다섯 가지 어려운 질문을 한꺼번에 답해야 한다. "예술은 인생보다 중요한가, 무얼 하길래 예술가인가, 매순간 예술가인가, 한번 예술가이면 죽을 때까지 해야 하는가" 등이 그 질문이다. 'leben'(인생)이 적힌 문에는 손잡이가 없다. 그럼에도 어떻게든 문을 열고 예술의 길로 들어서겠다는 다짐이 담겨 있다. 1991년 스스로에게 던진 질문은 지금도 효력을 가지고 있다. 낮별은 눈에 보이지 않지만 분명히 있다. 예술도 그러하리라 그는 믿는다. 밤이 올 때까지 잠겨 있을 뿐이다.

누구나 원하든, 원하지 않든 실체를 향해 질주한다. 그가 그만의 실체를 붙잡고 몰두한 것처럼 우리도 골똘해질 때다. 자신의 심연과 마주 서 보고, 자신의 삶을 피동태 대신 능동태로 바꿔 볼 때다. 그동안, 여러 번의 오후가 공기 사이로 쏟아질 것이다.

안규철

일상과 사물, 공간을 관찰하며 삶을 성찰하는 작업을 발표해 온 현대 미술가. 서울대학교 조소과 졸업 후 《계간미술》에서 7년간 기자로 활동했다. 프랑스와 독일에서의 유학 생활을 마치고 귀국하여 1995년 이후 〈모든 것이면서 아무것도 아닌 것〉, 〈안 보이는 사랑의 나라〉 등의 개인전을 비롯해 여러 국내외 기획전, 비엔날레에 참여하며 활동하고 있다. 저서로 《사물의 뒷모습》, 《그림 없는 미술관》, 《그 남자의 가방》 등이 있다.

목수 안주현 · 디자이너 이진아 부부의 숲속살이

집 짓는 일, 예술은 아냐

인생을 알려면 집을 지으라고 했다. 이 부부는 땅이 주는 운명을 느끼고 파주 월롱의 산비탈에 집과 작업장을 나무와 톱과 망치로 직접 지었다. 집 뒤로 고라니가 다녀간다는 산비탈에 집을 지으며, 그로 인해 삶이 변하며 이들이 '순 생짜로 얻은' 생각들.

몇 해 동안 집 지은 이들의 이야기를 귀동냥한 바, 집 짓기는 인생에서 꼭 한번 해 볼 경험이라는 것이다. 집을 짓다 보면 제 잘난 것과 못난 것을 더 많이 보게 된다고 한다. 이를 자명하게 엿볼 이야기가 있으니, 집을 한 번도 지어 보지 않은 사람은 대뜸 지붕부터 그리기 시작하고, 손수 집을 지어 본 사람은 집터와 기둥부터 그린다는 것이다. 기본도 모르던 제 꼴을 절감하곤 인생의 허방다리 짚는 일부터 걷어치운다는 말이다.

목수 안주현 씨와 디자이너 이진아 씨. 이 부부는 22평짜리 작업장, 20평짜리 살림집, 이렇게 집 두 채를 지었다. 살 집에 대한 모든 것(취향까지)을 전문가에게 맡긴, 거주지 또는 재화 가치로만 평가되는 집이 아니라, 소박하지만 분명한 신념을 담은 집이다. 그들은 전에 집 한 채 지어 보지 않고도 집터와 기둥부터 그려가며 집을 지었다.

이 거실은 소파에 앉으면 서로 바라보고 대화하게 되지만, 이상하게도 거실 바닥에 앉으면 대화 대신 밖을 바라보게 되는 묘한 공간이다. 완만한 산세와 앞마당에 심은 억새가 자꾸 시선을 잡아끈다.

땅이 준 운명

파주시 월롱면 능산리. 운무가 드리운 여름날에도 장관이고, 눈 온 겨울에도 장관이라는데 우리는 하필 나목이 나약한 햇살에 흔들리는 12월에 왔다. 그런데 장관이다! 어, 왜 이럴까? 둘레둘레 살피니 터가 기막히다. 볼록 렌즈처럼 둥그런 산자락에 둘러싸인 파주, 등고선이 뚜렷이 드러나는 비탈을 따라 집이 앉아 있다.

"연희동, 연남동, 고양시로 작업장을 옮겨 다녔는데, 늘 누군가에게 피해를 주지도 받지도 않고 24시간 목공 작업할 수 있는 곳을 원했어요. 열심히 땅을 찾아 다니다 운 좋게 이곳을 발견했어요. 삼면이 숲으로 둘러싸인 땅을 보고 이틀 만에 결정했죠. 삼면의 경계는 국유림, 양옆은 종중 땅이라 이곳에서 오래 살 수 있겠다 싶었어요. 주거지까지 옮기는 건 좀 고민했지만, 온라인 장보기가 되는지까지 체크한 후 결행했고요. 외딴집처럼 보이지만 대문을 열고 나가면 바로 토착민 동네가 있어요. 서울까지 30~40분밖에 안 걸려요. 하지만 담 역할을 하는 대문을 닫으면 딱 산속 오두막이죠." 집과, 집이 자리 잡은 지리적·사회적 위치만 놓고 보자면 딱 '숲속 자본주의자'의 집이다.

대문을 기점으로 경사진 땅에 목공 작업장, 덱, 억새 정원, 살림집이 차례로 놓인 형태는 언뜻 사찰의 가람 배치 같다. 건축을 전공한 안주현 씨가 집의 상상도(설계도가 아닌 상상도)를 그리고, 친구의 건축 스튜디오에서 뼈대와 기본 마감을 도왔다. 처마도 따로 없는 세모의 박공지붕에, 알루미늄 컬러 징크 패널에, 스프루스 판재를 태워 먹빛으로 만든 대문에, 층층 계단에 집주인의 상상이 담겼다.

"땅이 주는 운명 같은 게 있나 봐요. 늘 살림집과 작업장이 따로 있는 집을 꿈꿨는데, 보통 예산 때문에 이 둘을 1층과 2층으로 올리거든요. 우리는 평수를 줄이더라도 작업장과 집을 최대한 멀리 떨어뜨리고, 층층 계단으로 그사이를 왔다 갔다 하는 즐거움을 느껴 보고 싶었어요. 그걸 산비탈의, 가로로 긴, 경사진 이 땅이 이뤄준 거죠."

이 부부는 어딜 가든 손을 부여잡고 다닌다. 보통 집 지을 때만큼은 백지장을 맞들면 찢어진다는 게 진리인데, 이 부부는 역할 분담을 꽤 충실히 해낸 듯하다. 이는 10년 가까이 함께 살며 진짜 호흡을 맞추게 된 서로에 대한 신뢰에서 비롯한 것일 터.

'안키텍쳐'하는 남편

안주현 씨는 가구 브랜드 '안키텍쳐'의 대표다. 아키텍처architecture의 r에 작대기 하나를 붙여 자신의 성을 드러낸 회사명처럼 그 내력은 건축 전공에 닿아 있다.

"아무래도 바탕이 건축이니까요. 가구를 만들 때도 좀 더 폭넓게 구조에 대해 생각하는 것 같아요. 대지 따라 건물 모양이 바뀌듯 가구도 놓이는 환경에 따라 달라져야 한다고 봐요. 그리고 제가 우드 슬래브wood slab(통원목의 변재를 살려 제재한 나무판)를 좋아하는데요, 인위적으로 따라 하거나 변형할 수 없는 나무 자체

1 이 집은 색도, 선도, 질감도 최소한으로 절제했다. 슬라이딩 도어로 거실과 주방을 나누고, 주방에는 직접 제작한 먹빛 주방 가구, 착한 사람 눈에만 보인다는 소나무 무늬가 있는 싱크 대리석, 직접 만든 워크 테이블을 두었다.

2 복도 벽을 살짝 뚫어 고양이 화장실을 만들었다. 현관 수납장을 열면 바로 배변 모래통을 꺼낼 수 있다.

3 집 크기에 비해 큰 면적을 할애한 욕실. 욕조를 깊이 파서 창밖 풍경을 내다보며 목욕하는 즐거움을 누릴 수 있다.

4 안주현 씨가 만든 수납장. 나무가 스스로 지닌 오라를 최대한 살려 주고 싶어 하는 그의 생각이 고스란히 드러난다.

1

2

3

4

1 사람이 인위적으로 변형하면 오히려 아름다움이 망가지는 나무의 본모습을 좋아한다. 그래서 우드 슬래브에 먹빛만 입혀 침대 헤드로 만들었다. 대신 무선 충전기, 조명 등을 삽입해 젊은 세대가 편하게 사용할 수 있도록 했다.

2 뚜껑에 인센스 스틱을 꽂을 수 있게 만든 향합.

3 안주현 씨가 만든 흔들의자와 레어로우의 스툴.

의 오라가 있어요. 탄화목도 좋아하는데요, 제가 살짝 태우고 칠한 것밖에 없는데도 독특한 모양이 완성돼요. 나무가 다 한 거죠. 이렇게 재료 자체의 오라를 부각하는 작업을 좋아하고, 그 방법을 고심해요."

건축이든 예술이든 완성하는 건 사람이 아니라 시간, 비와 햇살과 먼지가 다듬는 시간이다. 가라지 하우스를 닮은 이 작업장에서 그는 시간을 들여 안키텍쳐(an+chitecture)하고, 언키텍쳐(un+chitecture)한 작업에 몰두한다. 그저 톱질 한 번, 대패질 한 번의 가구가 아니라 끝없이 나무를 매만지는 견인주의자의 모습이 엿보인다.

"아까 땅이 주는 운명이라고 했잖아요? 작업장과 집 사이 산비탈에 자연스레 생긴 덱에서 나무를 깎고, 경매장에서 사 온 나무를 쪼개고, 탄화 처리를 하고…. 작업의 폭이 훨씬 넓어졌어요. 생목을 잘라 가구 만드는 작업도 맘껏 하게 됐고요. 덱 덕분에 목공 수업도 다채로워졌죠."

'우드 워크 센터'라 이름 지은 이 작업장에서는 한 명 또는 두 명의 소수 인원을 대상으로 일곱, 여덟 시간짜리 목공 수업을 진행한다. "조용한 숲속에서 만들기 놀이를 즐기다 가는 공간"이란 바람처럼 숲속에서 자신의 시간을 온종일 느끼며 초보자라도 하루 만에 나무를 붙이고, 수공 기구도 써 가며, 제대로 된 스툴 하나 만드는 시간이다. 한번 궁둥이 붙이고 앉으면 소슬한 바람 소리에 넋을 뺏겨 좀처럼 일어서지 못하는 작업장에서 나무를 만지는 시간이라니. 그것도 고라니가 야산으로 뛰어다니고, 작업장과 집 사이 억새가 물결치는 숲속 작은 집에서라니….

'숲택'하는 아내

나지막한 계단을 걸어 살림집으로 올랐다. 한데 계단이 슬쩍 꺾여 있다. 땅 모양에 맞춰 집을 앉히다 보니 각도가 자연스레 꺾였단다. 작업장을 나와 첫 계단을 디딜 때 집을 향하던 시선이, 계단이 꺾이는 지점부터 숲을 향한다. 이것도 이들이 말하는 땅이 준 운명이리라.

그 풍경을 만끽하며 집에 들어서니 직선적인 선과 면들이 교차하는 공간이 나타난다. 박공지붕으로 뻥 뚫린 거실, 꼭 필요한 면적만 제 것으로 차지한 침실과 손님방, 슬라이딩 도어로 거실과 분리한 주방, 주방 싱크대 대리석의 "착한 사람 눈에만 보인다"는 소나무 한 그루, 열세 살·여덟 살 된 애묘 죠엘과 죠스의 '비밀의 뒷간', 이 모든 풍경을 수묵화로 만드는 먹빛 가구와 바닥…. 인테리어 마감, 가구, 소품까지 모두 직접 완성했다는 부부의 살림 공간이다.

20평짜리 집이 왜 50평만 해 보이는가 했더니 이유는 '목적이 없는 공간'에 있었다. 거실, 서재, 식당처럼 고정된 명칭과 목적이 그다지 없는 방이 이 집의 중심이다. 잔치도, 제사도, 먹을거리 건사도, 훈육도 다 해낸 옛집의 마당처럼 많은 기능을 하는, 그러나 목적 없는 방이다. 노자와 장자의 '무용지용無用之用'과 '허虛'를 이제 사십 줄에 들어선 부부의 거실에서 떠올린다니, 과한 비유 같지만 아니다. 사실 그런 것은 우리 생활에 배어 있던 것이다.

이 목적 없는 공간 한가운데 테이블에서 아내 이진아 씨는 '숲택'한다. 숲에서 재택근무하니 숲택이란 건데, 무릎을 칠 만한 조어다. 친구 네 명과 디자인 회사 '포인터스'를 운영하는 그에게 이 자리가 숲택 근무지다(일주일에 출근하는 2, 3일을 뺀 나머지). 작업장에서 일하다 남편이 돌아와 집에 머물 때도 일하는 시간만큼은 서로를 침범하지 않는다. 삶이 '홀로'와 '더불어'의 균형 잡기라면 이 집, 그리고 이 부부의 라이프스타일은 참 현명하다. 스무 살 때 소개팅으로 만나 20년을 붙어 지낸 이 둘을 지탱하고 구축해 온 것이 저 질서와 균형 잡기 아닐까? 초秒와 분分을 무수히 쪼개 놓은 듯 느린 시간이 그 사이를 흐른다.

이 집에서 '왕무심'하기를

좀 더 눈의 조리개를 조이니, 연호경 도예가의 '왕무심王無心'이라 쓴 도자기와 성모상이 눈에 담긴다.

"'왕무심'이란 단어에 꽂혀 집에 들였어요. 종교가 따로 없지만 보기만 해도 치유가 되는 듯한 성모상은 엄마가 갖다 놓으신 거고요. 저 두 물건이 우리가 원하던 삶을 말해 줘요. 시끄러운 도심에서 벗어나 하고 싶은 일에 몰입하는 삶, 그러다가도 좋은 사람을 초대해서 쉬어 갈 수 있게 문 열어 주는 삶, 좋아하는 것과 일과 일상이 하나로 이어지는 삶이죠. 그걸 이뤄 준 곳이 바로 이 집이에요."

사람에겐 성장의 욕구도 있지만 멈추고 싶은 욕구도 있다. 누구나 때론 쉬면서 숨을 고르고 싶은 욕구가 굴뚝같다. 멈추면 그만인데, 계속한다고 거듭난다는 보장도 없는데 우리는 치열하게 밀고 나가느라 늘 아등바등한다. 이제 사십 줄에 들어선 부부는 그걸 벌써 터득했다. 살아가는 동안 매 순간 '알아차림'의 명상법만 터득한다면 삶에서 불필요하게 걷어차기 마련인 돌부리를 얼마나 현명하게 넘을 수 있을까? 그걸 매 순간 알아차리게 하는 숲이 그들 옆에 있다. 그 숲에 이들은 집터와 기둥부터 먼저 그려 집을 지었다.

안주현 · 이진아

목수 안주현은 대학에서 건축을 전공하고 건축 및 인테리어 일을 하다가 목공의 매력에 빠져 가구 브랜드 '안키텍쳐'를 설립해 경기도 파주에서 공방을 운영하며 가구를 만들고 있다. 그래픽 디자이너 이진아는 친구 네 명과 디자인 회사 '포인터스'를 운영하고 있다.

Chapter 3

가족이 삶의 중심이 되는 집

성북동 오버스토리 윤건수·이현옥 씨 가족이 함께 꿈꾸는 삶

끝이 아닌 너머의 이야기

남산서울타워부터 한양도성 성곽길까지 아름다운 풍광과 자연을 벗한 라이프스타일을 더 많은 사람과 나누고 싶어 담장을 낮춘 성북동 오버스토리. 모든 자연이 쉬어 가는 겨울, 나무 다섯 그루는 땅속의 뿌리를 단단하게 다지며 새봄을 기다린다.

뿌리: 집에서 시작하다

성북동 선잠주택단지 이정표를 따라 굽이굽이 막다른 골목까지 올라가면 안쪽으로 봉긋하게 솟은 건축물을 마주한다. 눈보라가 휘몰아치는 날이었다면 설산의 봉우리로 느껴졌을 듯한 새하얀 파사드는 어떤 설명 문구도 없어 이곳이 갤러리인지 주거 공간인지, 혹은 카페인지 판단하기 어렵다. 입구에 적힌 '오버스토리overstory'라는 글자만이 공간을 설명하는 유일한 단서다.

지하와 지상 2층 규모로 경사지에 지은 건축물은 선잠단지에서도 가장 끝자락에 자리해 남산서울타워부터 한양도성 성곽길까지 파노라마로 펼쳐지는 전망이 그야말로 일품이다. 윤건수·이현옥 씨 부부는 3년 전 이곳에 집을 지으면서 지하 공간의 활용 방안을 고민했다.

"오버스토리는 삼림의 덮개를 형성하는 상층부라는 뜻으로 지하 카페의 이

남쪽 뷰를 향해 열린 구조의 집. 1층 거실과 2층 가족실이 보이도록 설계해 개방감을 더했다.

름이에요. 제가 투자 회사를 운영하면서 이전 집 앞마당에서 네트워킹 파티를 자주 열었는데, 사람들을 집으로 초대하면 단순한 비즈니스 관계 이상의 친밀감이 쌓이더라고요. 집을 지으면서 지하를 이벤트나 파티 공간으로 좀 더 체계적으로 구획하면 좋겠다 싶었죠. 손님이 매일 방문하는 건 아니니 평소에는 카페로 운영하고요."

마침 직장에서 콘텐츠 영상 기획을 담당하던 큰딸 자영 씨와 호텔관광학부를 졸업한 막내 승현 씨는 스몰 웨딩 같은 소규모 이벤트와 미식이 함께하는 공간 브랜딩을 꿈꾸고 있었다. 일찍이 30대부터 전원주택에 살며 정원을 가꾸어 온 이현옥 씨의 가드닝 구력이 더해져 자연스레 '그리너리greenery 카페'라는 공간의 콘셉트가 정해졌다.

건축 설계는 더시스템랩의 김찬중 소장이 맡았다. 명확하게 목적이 정해지지 않은 생활 시설이 가족의 주거와 공존해야 하는 것이 설계의 가장 큰 이슈였다. 집과 카페를 완전히 분리된 공간으로 만들지, 한 덩어리 안에서 영역을 구분할지 구성부터 동선까지 고민한 김찬중 소장은 삼각형 진입로로 해결점을 찾았다. 지상에서 보이는 건축물은 사적인 주거 공간이지만, 집으로 들어서는 현관 입구를 후정 안쪽에 배치해 시선을 차단한다. 실제 카페는 지상에서는 보이지 않는다. 대신 평평한 파사드 왼쪽으로 조형성이 강한 삼각형 입구를 배치해 마치 블랙홀처럼 자연스럽게 손님의 동선을 유도한다.

"계단을 내려가 카페 입구로 들어서면 주방 너머로 서울 도심이 한눈에 펼쳐지는 통창을 마주하죠. 처음 설계를 시작했을 때는 카페를 하겠다는 명확한 목적이 정해지지 않은 상태였어요. 기본적으로 사람이 모이는 곳이라면 음식이 있고 즐길 공간이 필요하니 주방과 홀을 메인으로 구성하되, 행사에 필요한 부대 공간은 유동적으로 조율할 수 있도록 최소한으로 배치했죠. 스몰 웨딩 행사를 진행한다면 주방 아일랜드는 리셉션 데스크로 변신해요. 아일랜드 맞은편 계단은 루프톱으로 연결되는 동선으로 사적 영역을 침해하지 않으면서 건물 곳곳을 즐길 수 있도록 했죠."

줄기: 자연이 유일한 양분이다

"저희 가족은 아파트에서 산 시간이 거의 없어요. 막내가 두 살 때 용인 전원주택으로 이사해서 17년간 쭉 한집에 살았어요. 처음에는 막연히 땅을 밟고 살고 싶다는 생각에 남편을 설득해 전원주택으로 이사했는데, 살아 보니 불편한 점보다 행복한 기억이 더 많아요. 땅은 인연이라고, 성북동 이 땅을 봤을 때 용인 집의 안온함이 느껴지더라고요."

이현옥 씨는 오버스토리의 조경 담당이다. 보통 성북동 주택 하면 높은 담장 너머 너른 잔디 마당이 펼쳐지는 장면이 떠오르지만, 이 집 정원은 사뭇 다른 모습이다. 화단의 수국부터 계단을 따라 자리 잡은 억새, 후정의 구들돌과 야생화까지 꾸미지 않은 듯 소박하고 편안하다. 이전에 작은 경비실로 사용하던 공간은 온실로 활용한다. 이현옥 씨는 이곳에서 겨울나기가 필요한 식물이나 시름시름 아픈 식물을 돌본다.

"조용한 주택가에 피해를 주지 않기 위해 카페는 예약제로 운영해요. 보통 주차장에서 손님을 맞는데, 꽃과 나무만으로도 한참 이야기를 나누게 되더라고요. 올해는 후정에 오솔길을 만들 계획이에요."

후정은 주거 공간의 1층과 연결되는 구조다. 현관으로 들어서면 거실 테이블을 중심으로 왼쪽에 주방이, 오른쪽 끝에 부부 침실이 자리하고, 2층은 가족실과 서재 그리고 세 자녀 방으로 구성했다. 먼저 집의 첫인상은 미니멀 그 자체다. 거실에는 소파도, 벽에는 그림 한 점도 없고 간결한 라인의 주방 가구와 테이블,

1 1층 주거 공간의 거실 겸 주방. 이곳에 식구들이 하나둘 모여 도란도란 이야기를 나누곤 하는데, 그 시간이 가장 행복하다.

2 한옥 철거 현장에서 공수해 온 구들돌이 단아한 미감을 완성한다.

3 건물 후면 루프톱으로 올라가는 계단에서도 차경을 즐길 수 있도록 작은 창을 냈다.

1

2

3

1 미니멀리즘의 진수를 보여주는 부부 침실. 이웃 한옥의 지붕이 가장 근사한 인테리어 요소다.

2 세월의 흔적이 담긴 고가구와 옛날 그릇은 미니멀한 공간에 온기를 더해 주는 요소다.

3 샤워실과 세면대를 가로로 길게 구성한 욕실은 천장 아래 가로 창을 내어 사계절 뒷산의 정취를 느낄 수 있다.

의자 정도가 인테리어 역할을 한다. 여기에 세월의 흔적이 고스란히 담긴 고가구와 식물, 화강암·현무암·구들돌·물확 등 담담하면서도 힘찬 기백이 느껴지는 돌장식이 드문드문 놓여 고요한 파동을 일으킨다.

"실제 사용하는 주방은 아일랜드 수납장 뒤편으로 배치했어요. 문을 닫으면 완벽히 감춰지는 히든 스페이스로, 거실을 늘 정갈한 상태로 유지할 수 있는 비결이죠. 저 역시 예전에는 손님 초대가 마냥 쉽지만은 않았어요. 무슨 요리를 할지, 식탁은 어떻게 꾸밀지, 집은 어떻게 치울지 부담과 걱정이 앞섰죠. 그런데 이렇게 단순히 비우니 시간도, 공간도 '여지'가 생겨 좋아요. 누가 온다고 해도 집을 치우느라 시간을 할애할 필요가 없고, 차 한 잔만 있으면 창밖 풍경을 벗 삼아 한 시간이고 두 시간이고 편안하게 담소를 나눌 수 있죠. 호스트가 편해야 게스트도 편해요."

소유 혹은 맹목적 무소유에 집착하기보다는 자신에게 행복감을 주는 것과 자연스러운 관계를 통해 형성된 라이프스타일. 집의 다양한 기능을 요구하는 요즘, 비움과 여백, 안과 밖의 레이어를 통한 이 집의 융통성과 확장성의 장점이 더 크게 다가온다. 그리고 그 백미는 부부 침실에서 여실히 드러난다. ㄱ 자 통창 구조를 살린 침실은 옆집 한옥 지붕이 가장 근사한 인테리어 요소다. 벚꽃이 흐드러지는 봄부터 달이 해님처럼 환한 가을밤, 한겨울의 폭신한 설경까지 창밖으로 시시각각 변화하는 자연이 펼쳐지는데 더 이상 무슨 작품이 필요할까.

잎: 자기 무늬를 찾는다

윤건수 대표가 집을 설계할 때 요청한 것은 딱 한 가지, 바로 온 가족이 함께하는 공간이었다. 세 자녀 방과 가족실이 있는 2층은 가족의 동선이 가장 많이 교차하는 방법을 고민한 결과다. 가족이 모두 모이는 일요일에는 가족실 테이블에 앉아 온종일 이야기를 나눌 때도 있다.

"일요일 아침은 잡담으로 시작해요. 제가 어릴 때만 해도 아버지는 권위적인 존재였어요. 밥상머리 교육이라고 식사할 때는 꼭 필요한 말 외에는 하지 말라고 하셨죠. 그렇게 성인이 되고 보니 아버지랑 1분 이상 할 얘기가 없는 거예요. 우리 집 애들은 저한테 별별 얘기를 다 해요. 듣다 보면 참 쓸데없는 얘기인데, 불쑥

창밖의 전망을 바라볼 수 있도록 좌석을 배치한 카페 홀. 한옥의
서까래를 연상케 하는 골조 장식과 나왕으로 제작한 가구가 노출
콘크리트 마감에 담백하게 어우러진다.

어떤 실마리가 될 때도 있어요. 첫째는 사람을 좋아하고 정이 많아 사람이 모이는 일을 하면 좋겠고, 책임감 강하고 성실한 막내는 작은 카페처럼 독립적인 일을 시작해도 좋을 것 같았는데 마침 이 공간이 주어졌고, '아빠, 나 해 보고 싶어'라고 하더라고요. 둘이 이끌어가는 모습이 기특해요."

"아빠는 저나 동생들에게 뭘 하라고 정해 준 적이 없어요. 학창 시절 유일하게 한 것이 호텔 워크숍인데, 한 달에 한 번 호텔에서 맛있게 식사하고 방에 올라가서 그달 어젠다에 대해 각자 PPT로 정리해서 발표를 해요. 예를 들어 프라이탁이 주제면 그 브랜드에 대해서 A to Z로 조사하는 거예요. 아는 만큼 보인다고 하잖아요. 스위스로 가족 여행을 갔을 때는 남동생이 프라이탁 본사에 방문하고 싶다고 메일도 보냈어요."

오버스토리에는 '이야기 너머'라는 뜻도 담겨 있다. 이름의 의미처럼 자매에게는 단순한 카페 이상의 꿈을 펼칠 수 있는 플랫폼이다. 인생에서 중요한 의식인 결혼식이 한두 시간 대관으로 기계처럼 치러지는 행사인 게 안타깝던 자영 씨는 40명 남짓한 최소 규모로 애프터 파티까지 온종일 즐길 수 있는 미니 웨딩을 기획·진행하고, 카페의 식물 연출과 판매를 담당한다. 호텔에서 인턴십을 하고 베이킹을 배운 막내 승현 씨는 식물 장식을 곁들인 디저트와 음료를 책임진다. 행사 때 식물을 배치하면서 식물 배송 서비스와 같은 또 다른 비즈니스 아이디어를 떠올리기도 하고, 호텔 공부는 물론 빵과 요리를 더 배워 레스토랑이나 숙소를 운영해 보고 싶은 마음도 있다.

"넝쿨 식물을 키우다 보면 원하지 않는 방향으로 기세등등하게 뻗어 나갈 때가 있어요. 방향을 틀어 주면 이상하게 시들시들해져요. 사람들은 자연을 가꾼다고 하는데 자연은 그저 섭리대로 제 방향으로 자라는 거예요. 아이들 교육도 마찬가지라고 생각해요. 딱 정답이 있는 게 아니잖아요. 모두 제 무늬를 만들며 살 수 있도록 그저 묵묵하게 그 방향으로 이끌어 주는 것, 그것으로 부모 역할은 충분하죠."

이현옥 씨는 아이들과 함께 꿈을 향해 가는 과정 자체가 즐겁다고 말한다. 오픈하고 몇 년간 시행착오를 겪으며 다양한 방식을 실험해 본 카페는 이제 어엿한 성북동의 명소로 자리 잡았다. 처음에는 커플이 왔다가 부모님을 모시고 오고,

남산서울타워부터 한양도성 성곽길까지 한눈에 펼쳐지는 전망이 일품. 봄과 가을에는 성곽길을 따라 불이 켜지는 야경을 즐기기 좋다.

이곳에서 프러포즈를 하고 웨딩 사진을 찍기도 한다. 늘 혼자 와서 한 시간씩 힐링하고 가던 만삭의 손님은 출산일까지 이곳을 찾았다. 지름길이 난무하는 시대에 둘러 가는 길을 권하는 오버스토리. 가치 있는 일은 뭐든 항상 오랜 시간이 필요하다. 결과보다는 과정에 의미를 두기 때문이다.

카페 오버스토리

서울시 성북구 선잠로2다길 13-13 지하 1층 | www.instagram.com/overstory.seongbuk

---

윤건수 · 이현옥

창업투자회사 'DSC인베스트먼트'의 윤건수 대표와 식물 가꾸기를 좋아하는 이현옥은 성북동 선잠단지 끝자락의 다 허물어져 가는 집에 반해 새로운 보금자리를 지었다. 두 딸과 아들, 부부가 합심해 위층엔 살림집, 아래층엔 프라이빗 카페와 그리너리 스튜디오를 꾸몄다.

GIANT

편집매장 루밍 대표 박근하 · 김상범 부부의 감각적인 공간

살림살이 결혼시키기

부부가 좋아하는 것이 이렇게나 많이 겹칠 수 있을까? 디자인 체어를 좋아하는 두 사람이 각자 고른 쌍둥이 물건이 곳곳에 자리한 신혼집. 부부가 20여 년 동안 각자 하나씩 모아 온 살림살이를 합친 집은 좋은 디자인이 지닌 힘을 여실히 보여 준다. 디자인 가구와 소품으로 가득하지만, 존재감은 있되 과시하지 않는 자연스러운 편안함이 느껴진다.

손바닥만 한 작물 하나도 땅을 갈아 씨앗을 뿌리고 농사를 지어야 얻을 수 있는데, 하물며 사랑의 결실은 어떠하랴. 결코 단번에 거둘 수 없고, 때로는 지난한 시간을 거쳐 경작되는 것이리라. 그러하기에 결혼하는 두 사람의 배경이 한데 포개지는 신혼집은 각자 살아온 시간의 흔적이 지문처럼 묻어 있기 마련이다. 2021년 초, 편집매장 '루밍' 박근하 대표의 인스타그램 계정(@rooming)에는 '#살림결혼시키기'라는 해시태그를 단 게시글이 하나둘 올라오기 시작했다. 일찍이 감각 있는 안목으로 국내에 좋은 디자인을 소개해 온 그의 신혼집이라니, 모두의 궁금증을 불러일으키는 것은 당연지사. 집이 완성되기까지 수개월을 끈기 있게 기다리고 나서야 박근하 대표의 집을 방문할 수 있었다.

영혼의 쌍둥이처럼 취향이 닮은 부부

부부의 인연은 17년 전으로 거슬러 올라간다. 지인이 '의자 좋아하는 사람'이라며 두 사람을 소개해 준 후로, 둘은 싸이월드 미니 홈피에 댓글로 인사 정도를 주고받는 사이였다. 어느 날 서울시립미술관에서 20세기 디자인 의자 100점을 선보이는 전시가 열린다는 소식을 듣고 함께 전시를 보기로 약속한 것이 이들의 첫 만남이다. 디자인이 좋아 스타일리스트로 활약하다 결국 리빙 편집매장을 연 박근하 대표, 그리고 디자인을 전공하고 밀라노에서 오랜 유학 생활을 한 김상범 씨, 두 사람은 유난히 의자를 좋아했다. 서로 통하는 것이 많아 때로는 친구로, 때로는 연인으로 지내다 부부의 연을 맺은 두 사람의 교집합은 뜻밖에도 이사한 후 짐을 풀었을 때 생각보다 더 크다는 것을 발견했다.

둘의 취향이 어느 정도로 닮았는가 하면 똑같은 물건의 종류가 열 손가락은 족히 넘은 것. 의자 덕후답게 임스 체어, 자노타의 셀라, 메자드로 스툴 등은 물론이고, 조 콜롬보의 보비트롤리, 알바 알토 화병, 알도 로시의 주전자부터 브리온베가 TV와 오디오, 심지어 비닐 포장을 뜯지 않은 채로 보관 중인 디자인 책까지! 일일이 열거할 수 없을 정도였다. 이만하면 영혼의 쌍둥이가 아닐까 싶은 두 사람이 평생 모아 온 소장품과 세간을 합쳐야 하는 때가 왔으니, 박근하 대표의 해시태그처럼 두 살림살이를 '결혼시키는' 프로젝트가 시작되었다.

벽면 전체에 엔조 마리의 시스템 책장을 설치한 서재. 다양한 방식으로 디자인을 소유해 온 부부의 취향을 한눈에 살펴볼 수 있다.

변기, 침대, 조리대는 보이고 싶지 않아

부부는 집의 인테리어 시공을 맡은 바오디자인 이재형 실장의 "원하는 대로 다 바꿀 수 있다"라는 말 한마디에 도면을 그려 가며 공간을 구상하기 시작했다. "여태껏 아파트에서 살면서 불편한 점을 다 바꿔 보고 싶었어요. 아이가 없다 보니 일반 아파트 구조에서 보다 자유로울 수 있었지요."

이 집에서 가장 많이 신경 쓴 부분은 조명이다. 보통 아파트에 설치한 사각 매립등은 너무 밝거나 디자인이 획일적이라 아쉬웠기 때문이다. 거실은 간접등과 알바 알토 천장등, 벽등을 비롯해 테이블 램프까지 조도를 원하는 만큼 조절할 수 있도록 만들었다. 총 3단계로, 손님이 오거나 밝게 하고 싶을 때는 간접등을 켜고, 평상시에는 천장등과 벽등을, 무드를 원할 때는 플로어 램프나 테이블 램프만 켜 놓는 식이다.

집 구조 역시 일반 아파트와는 꽤나 다르다. 먼저 현관문을 열었을 때 내부가 훤히 보이는 걸 원치 않은 박근하 대표는 현관 정면을 벽으로 막고 동선을 옆으로 유도했다. 벽을 돌면 정면에 보이는 것은 다름 아닌 세면대다. 외출하고 들어와 굳이 욕실에 들어가지 않고도 간단히 손을 씻으면 좋겠다는 남편의 아이디어였다. 사적 공간인 욕실과 침실도 프라이버시를 고려한 구조가 돋보인다. 화장실 문을 열었을 때 변기가 바로 보이지 않도록 안쪽에 배치했다. 한편 침실에 들어서면 알바 알토의 스크린이 시선을 한번 걸러 준다. 결혼 전 박근하 대표가 혼자 쓰던 저상형 침대를 그대로 사용하고 있는데, 스크린이 침대 헤드보드 겸 파티션 역할을 하는 것. 방문을 열어도 침대가 보이지 않도록 배려한 장치다.

보고 싶은 것은 보이도록, 보고 싶지 않은 것은 가려지도록 설계한 영민함은 다이닝 공간에서도 찾을 수 있다. "둘 다 주로 외부에서 일하고 집에서 요리를 자주 하지 않으니, 주방을 최소한으로 줄이면 좋겠다고 생각했어요." 원래 주방이던 공간에는 조리대, 냉장고, 김치냉장고, 식탁까지 있어서 너무 비좁았다. 부부는 과감하게 주방을 없애고 식탁을 메인으로 한 다이닝 공간을 조성했다. "주방 싱크대에 쌓인 설거짓거리를 보기만 해도 금세 피곤해지잖아요. 사용 빈도가 낮고 쉽게 지저분해지는 조리대와 개수대를 보이지 않는 안쪽 베란다와 세탁실 공간으로 옮겼어요." 어찌 보면 주방과 아일랜드가 전면에 나오는 요즘 추세와는 정반대일

1

2

3

1 방문을 열었을 때 침대가 보이지 않도록 알바 알토 스크린을 파티션처럼 세워 둔 침실. 조도가 높지 않아도 되어 천장등은 따로 설치하지 않았다.

2 부부가 가장 많은 시간을 보내는 다이닝룸은 장 프루베 테이블과 의자를 메인으로 하고 알바 알토의 조명등, 플랏엠의 수납장으로 꾸몄다.

3 현관에서 내부로 들어오면 바로 손을 씻을 수 있도록 설치한 간이 세면대가 보인다. 어떤 방향에서 욕실을 보아도 변기가 보이지 않도록 설계했다. 거실 벽면에는 박근하 대표가 13년 전, 롱샹 성당에서 사 온 포스터로 만든 액자가 걸려 있다.

1
153
ALESSI
2
7 Dic
Martedì
1129
3
4

수 있지만, 자신의 라이프스타일을 가장 잘 알고 있기에 할 수 있는 고수의 배짱 있는 선택이 아닐까.

그냥 디자인과 좋은 디자인의 차이

집 구조를 생활에 맞게 변경하고 나니, 이제 공간을 가구와 소품으로 차곡차곡 채울 차례. "혼수는 단 하나도 사지 않았어요. 둘이 그동안 사용하던 것으로 꾸미고, 필요한 건 진짜 마음에 드는 제품이 나타날 때 사자고 했지요." 사소한 물건을 고를 때도 신중을 기하는 부부의 성격상 밥통 하나 사는 데도 몇 달이 걸렸다. "가장 많이 고민한 건 바로 식탁의 펜던트 조명등이에요. 알바 알토의 A201 조명은 디자인 자체로 건축적으로 보였어요. 조명도 마치 건축물 외벽에서 빛이 내려오는 다운라이트 조명 같지요."

각자 소장품이 많은 만큼 집의 수납 계획이 중요했다. 물건을 적절하게 수납할 수 있으면서도, 원하면 서랍 문을 열어 바로 꺼내 사용할 수 있는 디자인의 수납장이 필요했다. 서재·다이닝룸·침실 수납장 등 집의 모든 수납 가구는 플랏엠의 선정현, 조규엽 디자이너가 제작한 것이다. 그중 다이닝룸의 수납장은 재스퍼 모리슨, 에토레 소트사스, 파올라 나보네, 아킬레 카스틸리오니 등 디자이너별로 섹션을 나눠 여느 디자인 쇼룸의 진열장 못지않다.

집 안 곳곳의 물건을 손으로 가리키면, 그에 담긴 이야기가 술술 나온다. 거실 벽면에는 14년 전 남편과 함께 르코르뷔지에가 설계한 롱샹 성당을 방문했을

1 부부가 평생 하나둘 모아 온 소장품을 보관한 수납장. 알레시 커피 및 와인 용품이 진열되었다.
2 두 사람이 가장 좋아하는 브랜드인 비트라의 본사와 비트라 디자인 뮤지엄 앞에서 찍은 웨딩 사진, 청첩장, 첫 만남의 계기가 된 시립미술관 의자 전시회 티켓 등 서로에게 각별한 물건을 모아 둔 코너.
3, 4 취향에 맞춰 하나둘씩 수집한 가구와 소품들.

에로 아르니오 디자인의 볼 체어와 간결한 라인이 돋보이는 아르
텍의 키키 컬렉션을 중심으로 꾸민 거실.

때 사 온 기념 포스터를 지관통에 고이 보관했다가 액자에 담아 걸었다. 액자로 만든 것 중에는 놀랍게도 테이블 매트도 있다. 2009년 밀라노 트리엔날레 뮤지엄의 식당에서 돌돌 말아 왔는데, 메자드로 스툴을 너무 사고 싶은 나머지 스툴이 그려진 테이블 매트를 액자로 만들어 갖고 있던 것. 그는 어릴 때부터 잡지에 실린 의자 사진을 오려 다이어리에 붙이고 다니면서 디자인을 소유하는 경험을 했다. 그렇게 몇 년 만에 비로소 손에 넣은 제품은 그 무엇보다 값지고 소중하다.

"함부로 사지도, 함부로 버리지도 않아요. 한번 사면 평생 쓴다고 생각하고 구매하는 편이에요. 남편과 저는 쓰레기가 많이 나오는 걸 원치 않아서 배달 앱도 사용하지 않고, 음식 배달을 시켜 본 적도 없지요." 만들어서 금방 버려지는 것은 공해와도 같다고 말하는 박근하 대표는 그렇기에 좋은 디자인의 힘을 더없이 믿고, 이를 많은 이에게 알리고자 한다. 그가 생각하는 '좋은 디자인'이란 무엇인지 물었다. "디자이너가 따로 없는 일반 제품도 결국 누군가가 만든 디자인이에요. 하지만 좋은 디자인은 사람의 마음을 편안하게 하고 기분 좋게 만들어요. 저는 이왕이면 사람들이 정말 잘 만든 디자인 제품을 쓰면서 행복함을 느끼면 좋겠어요." 좋은 디자인의 영향을 사람들과 공유하고 싶은 그는 서래마을 골목에 '루밍 랩'이라는 전시 전용 공간을 마련했다. "제 이름(근하)이 여름의 무궁화라는 뜻이라는 걸 알고 나서, 내 이름이 곧 나라를 대표하는 꽃 이름이니 우리나라에 도움 되는 사람이 되고 싶다는 생각을 한 적이 있어요. 거창한 건 아니지만 제 분야에서 조금이나마 디자인의 대중화에 보탬이 될 수 있으면 좋겠네요." 그가 바란 대로 15년째 일군 루밍의 결실은 현재도 많은 사람의 일상 속에 맺히는 중이다.

박근하 · 김상범

크리에이티브 디렉터 박근하는 리빙 스타일리스트로 활동하다가 2008년 북유럽과 이탈리아 디자인을 소개하는 라이프스타일 편집매장 '루밍'을 오픈하여 운영 중이다. 김상범은 산업디자인을 전공하고 무역 관련 일을 하다가 현재 루밍의 이사로 재직하며 뛰어난 안목을 바탕으로 상품 선별과 구매를 담당하고 있다.

미메시스 홍유진 대표의 따듯한 보금자리

집이라는 매듭

프랑스 예술가 장자크 로니에의 저서《영혼의 기억》에서 발췌한 한 구절이 떠오른다. "하나의 이야기에는 때때로 어떤 매듭이 있어서, 그 매듭을 잡아당기면… 온 우주가 열리며 잠깐 동안 놀라운 비밀을 드러내 주죠." '미메시스' 홍유진 대표가 평창동에 마련한 새 보금자리는 수많은 이야기를 섬세하게 묶어 둔 끈과도 같았다.

우리는 말투나 표정, 옷차림, 혹은 수첩 같은 아주 사소한 소지품에서 그 사람이 사는 세계의 일부를 살짝 엿보곤 한다. 외부와 내면세계 사이에 난 좁은 틈 가운데 집은 누군가의 우주로 깊게 진입할 수 있는 가장 중요한 실마리가 아닐까? 장 자크 로니에가 말한 '이야기의 매듭'이 떠오른 것은 우연이 아니었던 것 같다. 한 사람이 단단하게 맺은 삶의 매듭은 때때로 집에서 하나둘씩 풀리기도 하니깐. 미메시스 홍유진 대표의 이야기다.

조금 수상한 집

"수상해, 수상해. 이것저것 수상해. 수상해, 수상해. 콩 한 알도 수상해." 삐뚤빼뚤한 글씨와 그림이 그려진 도화지 한 장이 벽에 붙어 있다. 국내 굴지의 출판사 열린책들의 예술 서적 브랜드 '미메시스' 홍유진 대표의 집에는 정체 모를 종이가 곳곳에서 포착된다. 바로 첫째 딸 안이가 직접 쓰고 그린 책들의 일부다. 누가 출판사 집안의 손녀 아니랄까 봐, 초등학생이 쓴 것이라고는 믿기 힘들 정도의 구성과 디테일이 살아 있다(심지어 마지막 페이지에는 발행일자와 출판사 이름 '미메시스'까지 적혀 있다!). 홍유진 대표가 딸 안이와 아들 준이, 두 아이와 함께 새 출발을 위해 튼 둥지 안으로 조심스레 들어섰다.

그의 아버지 홍지웅 대표가 운영하는 열린책들의 구사옥과 신사옥, 미메시스 아트 하우스를 설계한 건축가이자 포르투갈의 세계적 건축가 알바루 시자에게 사사한 김준성 소장이 이번에도 설계를 도맡았다. 오랜 인연을 이어 온 그와는 다섯 번째 작업이었기에 디자인 설계는 단 2개월 만에 빠르게 완성되었다. 홍유진 대표가 원한 것은 간단했다. 세 식구가 생활하는 각각의 방은 크게, 복도는 좁게 최소화할 것, 그리고 관리가 용이할 것. 관리하기 쉬워야 처음 지은 상태를 오랫동안 잘 유지할 수 있을 거라 판단했기에 정원도 따로 두지 않고 테라스 바닥은 돌로 깔았다. 지붕 역시 눈이나 비가 내렸을 때 자연스럽게 쓸려 내려가도록 경사진 형태를 선택했다. "워킹맘이다 보니 집 안을 돌볼 시간이 상대적으로 적기 때문에 관리하기 수월해야 하는 점이 중요했어요."

이 건물은 크게 지하, 1층, 2층, 다락으로 구성했다. 지하 현관은 가족만 출입할 수 있고, 외부 손님은 1층 출입구를 사용하도록 출입 동선을 두 곳으로 분리했다. 1년여의 시공 과정을 거치는 동안 가장 힘든 점은 지하를 뚫는 일이었다. "평창동 일대는 거대한 화강암으로 이루어진 북한산이 둘러싸고 있잖아요. 단단한 암반층인 지대를 뚫는 일 자체가 굉장히 힘들었고, 이웃에게 피해가 가지 않도록 소음과 진동을 줄이는 무진동·무소음 공법으로 시공해야 했지요." 공사 도중에는 테라스를 절단해 구조를 일부 변경해야 하는 일도 발생했다. 이듬해 천신만고 끝에 완성한 집은 가족의 오붓하고 안온한 보금자리가 되었다. 거실과 방마다 외부와 맞닿은 큰 창이 나 있어 산줄기의 능선과 동네 풍경이 한눈에 내다보인다. 눈을 뜨면 계절의 변화를 체감할 수 있고, 발이 닿는 모든 공간에 빛이 충분히 내려앉는다. 또한 단독 주택이라 아이들이 신나게 뛰어다녀도 층간 소음 걱정이 없는 것도 장점이다. "처음부터 제 입맛에 맞게 공간을 계획했기 때문에 가족의 동선과 라이프스타일에 딱 맞아떨어지는 집이 된 거죠."

처음부터 분명한 목적과 관리, 취향을 반영해 건축한 집.

나만의 것을 키우는 과정

2006년, 그러니까 지금으로부터 17년 전 아버지 홍지웅 씨의 기사에서 홍유진 대표의 흔적을 발견했다. 그 당시 취재를 진행한 기자가 그에게 "책을 많이 읽느냐?"라고 질문하자 "중국집 아들이 자장면 안 먹듯이 책을 거의 안 읽는다"라는 재치 있는 답변으로 촬영장을 웃음바다로 만든 것. "제가 왜 그랬는지는 모르겠지만 중학생 때 반항심이 컸어요. 자퇴를 고려했을 정도로 사춘기를 심하게 겪었고, 잠시 책과 멀어졌죠." 고등학생이 되어서야 정신을 차리고 공부에 매진했고, 학생회장도 했을 정도로 학교생활을 열심히 했다. 탕아에서 모범생으로 극과 극의 학창 시절을 보낸 그는 고려대학교 경제학과를 거쳐 경영전문대학원 석사 과정을 마쳤다. 그가 태어날 때부터 출판업에 종사하던 아버지의 영향 때문일까. 그는 출판업을 하겠다는 생각은 없었지만, 학창 시절부터 경제·경영서에 심취했고 막연하게나마 자기만의 사업을 하고 싶어 했다. 졸업 후 문구 사업을 시작으로 패션, 대관, 카페 등 다양한 분야의 사업을 펼쳐 왔고 유의미한 성과도 거두었다. 그러나 언젠가부터 '나의 것이 없다'는 생각이 들었다. "상대 기업이나 의뢰인이 원하는 방향으로 디자인하고 납품하는 일을 하다 보니 점차 스트레스가 심해지고 보람도 적더라고요. 내가 하고 싶은 콘텐츠를 보다 적극적으로 만들고 싶다는 생각에 출판 쪽으로 방향을 옮겼고, 지금은 열린책들과 미메시스 출판 기획에만 집중하고 있지요."

그가 기획한 책은 해외 문학에 집중한 열린

둘째 준이가 좋아하는 로봇 장난감과 동화책으로 가득한 놀이방. 시야가 탁 트이는 넓은 창 덕분에 집에만 있어도 답답한 기분이 해소된다.

1 홍유진 대표와 두 아이가 함께 쓰는 침실. 침실 위에는 첫째 안이가 책을 읽거나 그림을 그리며 시간을 보낼 수 있는 작은 다락방을 마련했다.

2 홍유진 대표의 개인 공간으로 계획했지만 아이들의 음악실 겸 작은 서재가 되었다.

3 홍유진 대표의 바이크 취미를 엿볼 수 있는 헬멧과 책을 수납한 장식장.

책들에서 출판한 책과는 사뭇 색깔이 다르다. 그중 하나가 단편 소설과 일러스트를 함께 소개하는 미메시스의 문학 시리즈 '테이크아웃'이다. 정세랑, 황현진, 손아람 등 한국 문학 작가와 키미앤일이, 소냐리, 변영근 등 일러스트 작가의 컬래버레이션 단편 소설 시리즈로 업계에서 큰 주목을 받았다. "열린책들이 주로 해외 문학을 소개하는데, 저는 한국 문학에 관심이 많아서 국내 작가들의 소설을 내고 싶었지요. 어떻게 접근하면 좋을까 고민하다가, 읽기에 부담이 적은 단편 소설 한 편을 한 권으로 내는 시리즈를 기획했어요. 작고 얇은 한 권에 일러스트도 함께 볼 수 있는 스무 권짜리 시리즈였는데, 저에게 의미 있는 작업이었지요."

그가 기획한 것 중 가장 많이 팔린 책은 강주은의 인터뷰집《내가 말해 줄게요》이다. 기획부터 섭외, 인터뷰까지 그가 둘째를 출산하기 전까지 진행을 도맡아 출판한 책인 만큼 애착도 깊다. "제가 당시 겪고 있던 소통의 문제에 대해 강주은 씨가 명쾌한 대답을 주셨어요. 저에게도 와닿는 이야기였기 때문에 결과적으로 더 잘 팔 수 있지 않았나 싶어요."

정리는 나의 힘이다

화가이던 할아버지와 출판사를 경영하는 아버지로부터 물려받은 예술 문화적 자산이 컸을 터. 홍유진 대표가 부모님에게 영향을 받은 가장 큰 부분은 의외로 정리하는 '습관'이다. "어릴 때부터 책을 분류해서 정리하는 법을 배웠어요. 집에 책과 비디오가 엄청 많았는데, 비디오도 장르별·감독별로 구분해서 정리했고, 영화나 책을 보고 나면 감상을 기록하게끔 하셨어요. 아직도 생각나네요. 빨간색 플라스틱 통에 A, B, C 순으로 인덱스가 차곡차곡 분류되어 있었지요." 무엇이든지 '하는 것보다 관리가 중요하다'는 가르침은 자연스럽게 몸에 배어 생활 습관이 되었다. 잔소리처럼 들리던 이야기를 자신의 아이들에게도 똑같이 하게 되더라는 홍유진 대표. "첫째 안이는 초등학교 1학년이 되니까 알아서 옷을 정리하더라고요. 분류하고 정리하는 습관이 대를 이어 가는 유산 중 하나가 되었네요."

무엇보다 폭넓은 경험을 하도록 배려해 준 부모처럼, 아이들에게도 많은 경험을 누리게 해 주고 싶다. 첫째 안이는 책을 읽고 그림 그리는 걸 좋아해 하루 종일 손에서 책을 놓지 않을 정도. 여덟 살 때에 동생 준이를 주인공 삼은 '짜증 나

1 정직성 작가의 작품이 회벽과 더할 나위 없이 잘 어울린다.

2 주방은 권영성 작가의 작품과 모빌로 꾸몄다.

3 홍유진 대표가 의미 있는 작업물로 꼽은 열린책들 '프로이트' 전집 특별판과 '테이크아웃' 시리즈.

는 네 살'이라는 책을 열 권짜리 시리즈로 만들기도 했다. "안이가 쓴 책을 내 보는 것도 재미있겠다는 생각이 들어서 안이 이름으로 출판 등록도 해 놓았어요." 둘째 준이는 몸을 움직여 행동하는 활달한 성격이고, 자동차와 로봇에 관심이 많다. "한결같이 자동차를 계속 좋아하면 독일 직업학교에 진학한 뒤 세계적 자동차 회사에서 정비사로 일하게 된다면 어떨까 생각했어요. 각자 좋아하는 것을 발전시켜서 자신만의 기술을 지닌 전문가가 되기를 바라요."

홍유진 대표가 행복을 위해 가장 애쓰는 것은 아이들과의 꾸준한 소통이다. 뜻이 서로 통하는 데는 대화만이 능사는 아니다. "아이들이 크고 사춘기가 오면 자연스럽게 제 품에서 멀어지겠죠. 그럼 더 이상 저와 깊은 대화를 하는 게 어려워지지 않을까 생각해요." 그렇게 해서 생각한 것이 바로 운동. 매주 함께 테니스를 하는 루틴을 만들었다. "둘째가 바퀴 달린 차를 계속 좋아하면 제 취미 중 하나인 바이크를 함께 타는 것도 재미있겠어요."

홍유진 대표는 작게는 아이들, 그리고 크게는 세상과 대화하는 삶을 꿈꾼다. 도스토옙스키 탄생 200주년이었던 2021년에는 세계적 대문호의 작품을 지금의 젊은 세대도 계속 읽을 수 있도록 젊은 아티스트와 표지 리뉴얼 작업을 했다. 사랑하는 존재와 일에 대해 끊임없이 알고 싶은 그는 서로 다른 생각과 역사를 지닌 사람과 사람, 세대와 세대 사이를 이어 주는 유능한 통역자와 닮아 있다.

홍유진

출판사 '열린책들'의 자회사인 '미메시스'의 대표이자 출판 기획자, 번역가, 문구 기획자이다. 경영대학원을 졸업한 뒤 문구 분야에서 사업을 시작하였고 예술서, 디자인서를 주로 출간하는 미메시스의 경영을 맡아 점차 에세이, 소설 등 출판 장르를 다각화하고 있다.

건축가 조정선·목수 최성순 부부의 내 집 짓기

나무가 선물해 준 한옥 인생

서울에서 살다 양평에 직접 한옥을 지어 이사한 부부의 집은 간소했다. 나 같은 사람은 마당이 생기자마자 온갖 나무와 꽃을 가득 심을 텐데 이 부부의 마당에는 작년에야 심은 산초나무 한 그루가 전부였다. 이것저것 장황하게 보고, 또 보여 주는 삶에는 관심 없는 듯했다. 아내는 집에 딸린 작은 공간에서 건축 설계를 하고, 남편은 집 옆에 마련한 작업장에서 종일 한옥에 사용할 나무를 깎는다. 마음속 심지가 굳건한 이 부부는 오늘도 자신들만의 삶을 산다.

한옥에 도착해 혹시 마당에 꽃과 나무를 심지 않은 이유가 있냐고 물었다. 아내 조정선 씨가 웃으며 답했다. "저희가 이래요. 집 지은 지 3년이 넘었는데 이러고 있네요. 별다른 이유는 없고, 처음엔 마당 흙이 다져질 때까지 지켜본다는 마음이었어요. 그런데 또 대문만 나가면 들과 뒷산이고 나무와 꽃도 많아서 꼭 무언가를 심어야 하나 싶더라고요." 그의 말처럼 문 앞에는 작은 야생화가 많았다.

집 앞 흙길 언저리에는 함께 사는 시할머니가 옥수수를 심었다. 대문 바로 옆 텃밭에는 감자를 심었는데, 새싹이 빼꼼 올라왔다. 남편 최성순 씨는 3대 독자로 할머니를 모시고 산 지 13년이 다 되어 간다. 나무를 깎다 합류한 남편에게 "부인께 정말 잘하셔야겠어요" 하고 말했더니, 남편 최성순 씨는 수줍은 미소를 띤 채 화답했다. "그러게요. 사람들이 업고 다녀야 한다고 하더라고요." 결혼 전 아내가 최성순 씨를 인사시키러 집에 데려갔을 때 그녀의 아버지는 "미장하는 사람은 붙이는 사람이니 잘살고, 목수는 깎아 먹는 사람이니 못산다. 목수는 또 거칠지 않느냐"라고 말했다고 해서 웃었는데, 최성순 씨는 거친 구석이라고는 전혀 없는 순한 사람 같았다.

그렇다면, 직접 집을 지어 보자

부부가 이곳에 터를 잡은 때가 2015년이다. 대학에서 건축을 전공한 후 건축설계 사무소에서 일하던 아내와 목수로 집을 짓고 문화재도 복원하던 남편은 사람 사는 냄새가 나는 한옥을 직접 만들어 보자고 합의한 후 '살림한옥'을 지었다. 마당을 중심으로 주방부터 안방까지 빙 둘러 자리 잡은 ㅁ 자 집. 쪽문을 열면 뒤란과 연결되는 전망 좋은 방을 시할머니에게 드리고 맏이인 딸 승원이에게는 목구조를 높이 들어 올려 다락방을 만들어 주었다. 초등학생 승효는 엄마 아빠 방과 맞닿은 방을 쓴다. 승효의 취미는 종이접기. 티라노사우루스부터 피카츄까지 얼추 봐도 식별이 가능할 만큼 솜씨가 대단하다. 승원이는 시간이 좀 더 흐르면 기차를 타고 시내 중학교로 통학해야 하는데 괜찮을지 걱정이다. "가구 수가 많지 않은 작은 동네다 보니 또래 아이가 없어서 자기들끼리만 노는 것이 미안해요. 주변에 친구들이 없으니까." 하지만 다 자기들만의 놀이가 있는 법. 아이들은 흙으로 호떡 장사 놀이도 하고 자전거를 타고 동네를 쏘다니기도 한다. 부부는 아무리 바쁘거나 경황이 없어도 1년에 한 번 가족 여행만큼은 꼭 가려고 한다. 이 집을 지은 것도, 하루하루 열심히 사는 것도 결국 가족의 시간을 위해서니까.

1 할머니 방에서 내다본 거실. 조정선 씨와 최성순 씨는 뒤란으로 이어져 답답하지 않고 널찍하기도 한 방을 할머니에게 내어 드렸다.

2 딸 승원이가 그린 그림.

3, 4 부부 침실로 가는 길목에 있는 가족실. 벽면 한쪽으로 긴 수납장을 짜 넣어 청소와 정리 정돈이 용이하도록 했다. 한지 바른 영창은 언제 봐도 아름답다. 문을 열면 바깥 풍경이 들어오고 문을 닫으면 한지 위로 빛이 일렁인다.

1

2

3
4

부부는 대들보며 서까래를 모두 우리 땅에서 자란 소나무로 올렸다. 조금 휜 것도 있고, 몸통이 갈라진 것도 있지만 그래서 오래 봐도 질리지 않고 푸근하다.

이 집을 설계하며 바란 것도 '우리의 삶과 생활이 있는 집'이었다. "한옥이라면 말이지", "한옥에는 자고로" 같은 세상의 얘기에는 귀 기울이지 않았다. 3대가 각자 적당히 자신의 공간을 가지면서도 문만 열면 맞바람이 불듯 시원스레 이어지도록 했고, 겨울 추위에 대비하기 위해 나무로 짠 시스템 창호를 넣었다. 지붕은 맞배지붕으로 했다. "한옥은 나무가 많이 들어가고 암키와와 수키와가 만나는 선을 포함해 화려한 구석이 많아요. 그 안에서 사는 사람의 삶도 충분히 역동적인데, 불필요한 장식이나 형식적인 것에 얽매일 필요는 없다고 생각했어요. 일반적으로 맞배지붕을 심심하다고 생각하는데, 저희는 되레 단순해서 모던해 보이더라고요. 맞배지붕이 만들어 내는 용마루 선이 담백하게 안마당을 품어 줘 매일 봐도 부담이 없고요."

내 눈에는 거실과 안방 쪽에 단 영창映窓(창문 바깥쪽으로 한지를 발라 덧댄 나무 미닫이문)의 높이가 인상적이었다. 바닥에 앉아서도 창문을 열 수 있도록 낮은 곳에 낸 창문. 영창을 닫아 놓으면 한지 안으로 빛이 일렁이고, 영창과 창문까지 툭 열면 바깥쪽 풍경이 '낮게' 펼쳐진다. 물론 모든 것이 이상적이기만 한 것은 아니다. 한옥의 단점 중 하나는 수납공간의 부족. 이 집 역시 마찬가지지만 할머니 방에 반침(벽장)을 만들고, 안방에는 가로로 긴 수납장을 짜 넣어 정리하고 청소하기 간편하다. 김치냉장고는 마당에 묻은 항아리가 대신한다. 부족하면 부족한 대로 새로운 아이디어가 생기고, 그렇게 되면 불편하다고 생각하던 것이 어느새 정말 좋은 것이 되기도 한다.

영화감독이 영화 한 편을 찍으며 결정해야 할 일이 수천 가지에 이른다는데, 집을 지을 때도 수없이 많은 선택지가 앞에 던져진다. 돌쩌귀를 고르는 일부터 바닥재를 선택하는 일까지 계속해서 선택, 선택, 선택의 연속이다. 시간이 지나면 잘한 선택과 후회하는 선택이 선명하게 드러나고, 후회하는 선택을 좋은 쪽으로 돌려 보려 다시 또 애쓰는 것이 집 짓고 사는 일반적 흐름이다. 이 집 역시 마찬가지인데, 두고두고 잘했다고 생각하는 것은 대들보며 서까래를 모두 소나무로 올린 것. "한국에 가장 흔하던 나무가 소나무잖아요. 그래서 옛집들도 대부분 소나무로 지었어요. 우리나라 소나무의 특성이나 한계까지 껴안으며 만든 집이 한옥이다 보니 우리도 소나무를 사용하면 그만큼 편안하고 친근한 집이 되지 않을까

살림한옥에서는 다 같이 김장을 하고 할머니와 옥수수를 쪄 먹으
며 아이들과 차를 같이하는 시간이 천천히 흐른다.

싶었어요. 국산 소나무는 곧은 것도 있고 휜 것도 있는데, 이것들이 서로 어우러지며 만들어 내는 미학이 있어요. 그것이 우리 목구조의 특징이고요. 수입하는 나무는 곧기만 합니다. 나무의 특성을 아는 것은 자연스러운 미감과 연결되는 문제라 중요해요." 조용히 아내 말을 듣던 남편의 부연 설명. "한옥 목재로 소나무뿐 아니라 느티나무 수종도 많이 써 왔어요. 부석사 무량수전 기둥도 느티나무지요. 우리 부부는 한옥 짓기가 좀 더 쉬운 일이 되면 좋겠어요. 그러려면 자재를 구하기도 쉬워야 하는데, 이렇게 우리 나무로 집 짓는 문화가 형성되면 제재소를 포함해 목재 관련 산업도 좋아질 거고, 더 넓게는 숲의 수종도 다양해지지 않을까 싶은 거예요. 그 혜택을 제가 살아 있는 동안에는 못 누리겠지만, 그렇게 점점 좋아지면 좋은 거니까요."

시작 단계부터 우리 나무와 함께하고 싶다

이들이 한옥을 대하고, 만드는 과정은 여느 곳과 사뭇 다르다. 설계부터 시공까지 전 과정을 직접 관리 감독한다. 흔히 한옥에 쓰는 목재는 '나무 백화점'인 제재소에서 공급받는데, 이 부부는 전국의 벌목 현장까지 직접 찾아간다. 그곳에서서 나무의 생김새도 보고 굵기도 확인한 후 양평 작업장으로 가져온다. 설계한 집에 들어갈 나무를 처음부터 들여다보고 가능한 한 자세하게 아는 것. 그래서 적재적소에 딱 맞는 나무를 쓰는 것이 부부에겐 중요하다. "제재소에 있는 나무는 누군가 그 가능성과 역할을 결정한 것이잖아요. 물론 전문가의 식견이 반영된 결정이지만, 처음부터 저희 눈과 마음으로 해 보고 싶은 거예요."

그렇게 가격을 치른 나무는 25톤 트럭에 실려 몇 차례에 걸쳐 작업장으로 온다. 날씨에 따라 나무를 못 싣는 날도 있고, 벌목 현장에 눈이 많이 내리면 한참을 기다려야 해서 작업장으로 가져오기까지는 시간이 제법 걸린다. 그리고 마침내 우람하고 듬직한 나무가 작업실 마당에 도착하면 부부는 부자가 된 것 같아 기분이 좋아진다. 한옥 공사에는 국산 소나무를 많이 사용하는데 이 나무를 베고, 구매할 수 있는 시기는 따로 정해져 있다. "봄이 되면 나무에 물이 오르잖아요. 그렇게 물이 많이 오른 상태에서는 건조가 잘 안돼요. 베기도 어렵고. 처서가 지나 몸통에 오른 물이 내려가기 시작하면 벌목 허가가 나지요. 옛날에는 강원도 산에서 벤 나무를 엮어 뗏목으로 만든 후 북한강, 남한강을 따라 필요한 곳까지 옮겼잖아요. 나무를 그렇게 물속에 담그면 나무의 수액과 불순물이 빠져나가면서 단단해지고 무늬도 아름다워지지요. 그 옛날에 어떻게 이런 것을 알았는지 신기해요."

최대한 시간과 공을 들여 나무를 건조하는 것은 부부가 가장 중시하는 단계다. 제대로 말리지 않으면 살면서 변형이 되기 때문이다. 건조기에 나무를 넣고 고온으로 말리는 경우가 많은데, 부부는 적당한 온도로 가급적 느리게 말리고 시간이 충분하다면 자연 건조도 마다하지 않는다. 지은 지 몇 년이 지나면 나무 미닫이문의 아귀가 맞지 않아 그 틈으로 바람이 숭숭 들어오는 경우가 많은데, 이 역시 나무를 제대로 충분히 말리지 않았기 때문이다.

20년 가까이 목수로 살아온 남편은 그저 나무가 좋은 사람이다. 내장 목수로 일을 시작했는데, 소가구를 만들 일이 많다 보니 합판을 만질 일이 많았고 좋은 원목을 만지고 싶다는 바람이 컸다. 주말에만 잠시 가족을 보러 오고, 평일이면 몇 달씩 작업 현장에서 숙식을 해결해야 했지만 같이 작업하는 형님들과 즐겁게 지냈다. 일이 힘들어서인지 이 일을 하려는 젊은 사람은 많지 않다. 이야기는 자연스레 그 시절로 옮겨 갔다. "아내보다 그분들하고 함께 산 세월이 더 길어요. 작업장을 차려 놓고 삼시 세끼를 함께 먹으니 정이 많이 들죠. 다들 음식도 잘해요. 고기도 능숙하게 해체하고요. 취사도구도 많이 필요 없어요. 난로하고 들통만 있으면 거기에 돼지머리를 푹 삶아 내요. 시골에서 작업을 하다 보면 멧돼지 머리를 들고 현장으로 오는 분도 있어요. 지역마다 사냥 허가권을 갖고 계신 분들이 있는데, 멧돼지 머리는 인기가 없으니까 '선물'로 들고 오는 거죠. 언젠가는 큰 머리, 작은 머리 한 가족의 멧돼지가 다 온 적도 있어요. 삶아 먹으면 아주 맛있는데 꼭 한약 같아요. 육질도 쫄깃쫄깃하고 향도 좋아서 일반 돼지머리 고기를 먹으면 싱겁게 느껴지더라고요. 그렇게 솥을 걸어 놓고 일했는데 지금은 작업 환경도 많이 바뀌었지요. 목수들이 이곳에 오면 좋아해요. 세상에서 제일 좋은 작업장 같다고. 나무로 만든 넓은 작업장에 청보리도 보이고 명아주밭도 보이니 좋지요. 꿈이 있다면 작업장이 더 넓어서 원하는 만큼 많은 목재를 더 잘 말리는 거예요."

부부의 하루는 단순하다. 남편은 아침 일찍 작업장으로 출근하고, 아내는 사무실에서 도면을 펼쳐 놓고 최적의 해결책을 고심한다. 나무를 갖고 오는 동네

어르신의 부탁에도 기꺼이 시간을 할애한다. 도마도 만들어 드리고, 소 키우는 이웃집 어르신을 위해서는 대팻밥과 톱밥을 담아 드린다. 젊은 부부의 그런 마음 씀씀이가 고마워 어르신들은 푸성귀와 달걀까지 다양한 먹을거리를 아낌없이 나눠준다. 그런 관계가 불편하지 않냐고 물었더니 덕분에 연고도 없는 마을에 쉬 적응할 수 있었고, 받는 것도 많으니 나쁠 것이 없다는 답이 돌아왔다. "나무를 좋아하고 나무를 만지는 직업이라 참 다행인 것 같아요. 이렇게 찾아 주는 어르신도 많잖아요." 한옥 짓는 솜씨와 마음 씀씀이가 점점 알려지면서 부부는 예전보다 바쁜 하루하루를 살고 있다.

조정선 · 최성순

건축설계 사무소에서 일한 조정선과 목수로 현장에서 오랜 시간을 보낸 최성순은 오랜 시간 누적되어 온 한국 건축 공간과 그 기반이 되는 한식 목구조가 지금을 사는 우리들에게도 여전히 유효하며 가치 있다는 인식을 바탕으로 한옥을 전문적으로 짓는 '살림'을 운영하며 설계에서 시공까지 전 과정을 아우르고 있다.

식스티세컨즈 김한정 디렉터의 안식처

오늘은 오늘대로 좋으니

매트리스 브랜드 '식스티세컨즈'의 김한정 디렉터는 늘 좋은 쉼에 대해 생각한다. 오늘을 잘 쉬어야 내일을 건강하게 시작한다고 믿기 때문이다. 그래서 그의 시선은 언제나 오늘, 지금 이 순간을 향한다. 지나간 어제와 오지 않은 내일에 얽매이지 말고 '지금'의 나에 귀 기울이자는 것!

"대문자만으로 인쇄된 책은 읽기 힘들다. 일요일밖에 없는 인생도 그와 마찬가지다." 독일 소설가 장 파울의 문장처럼 일과 일상이 균형을 이룰 때 우리 삶은 한층 풍요로워진다. 물론 여기에는 '적당한 쉼'이 전제된다.

식스티세컨즈의 김한정 디렉터는 늘 누군가의 휴식에 대해 고민하는 사람이다. 식스티세컨즈는 매트리스를 중심으로 휴식에 필요한 도구와 콘텐츠를 만들고 소개하는 브랜드다. 요즘은 제품을 드러내지 않고 재미와 즐거움을 담은 마케팅이 대중화되었지만, 식스티세컨즈는 한발 앞서 그들의 철학과 메시지를 담은 전시와 프로모션으로 리빙 분야의 주목을 한 몸에 받아 왔다. 그 중심에 김한정 씨가 있다. 상품 기획부터 마케팅, 프로젝트까지 총괄하며 밀도 높은 감성으로 대치동의 '식스티세컨즈 홈', 이태원의 '식스티세컨즈 라운지'를 연 그는 그야말로 작은 거인. 그의 행보가 모든 이의 관심을 끌 수밖에 없는 이유다. 그런 그가 2021년

1

2

판교로 이사를 했다. 붉은 벽돌을 쌓아 올리고, 창 너머에 나무가 드리워져 오래된 주택을 떠올리게 하는 따뜻한 집.

숲과 가까운 곳으로

김한정 씨와 그의 가족은 오랫동안 분당에서 살았다. 첫 집은 정자동 느티마을의 아파트. 분당에서도 제법 오래된 아파트 단지로 곳곳에 세월의 흔적이 역력했다. 번듯한 신축 아파트를 선호하는 사람이 있는 반면, 옛것이 주는 편안함을 좋아하는 사람도 있다. 김한정 씨는 후자에 속한다. 어릴 적 화단에서 봤음 직한 철제 울타리, 장미 넝쿨이 뒤덮은 아파트 정문의 아치형 입구, 키가 큰 울창한 나무들. 그는 '오래된 아파트의 기록'이라는 해시태그로 동네의 모습을 차곡차곡 남겨 두었다. 두 번째 집도 같은 단지로 방이 하나 더 있는 아파트였고, 그다음 집은 아이들의 로망인 피아노를 놓을 수 있는 조금 더 넓은 전셋집이었다. 하지만 표준화된 삶에 맞춘 아파트 설계는 맞지 않는 옷을 입은 듯 어딘가 모르게 불편했다. 이를테면 그의 가족은 평소 조도를 낮추고 약간 어둡게 생활했는데(이러면 공간이 한결 따뜻하고 심적으로도 편안하다), 이사한 집은 형광등을 켜면 눈이 부셔서 피로감이 더했고, 욕실과 드레스룸이 딸린 휑한 주 침실은 잠에 집중할 수 없게 했다. 주변 인프라가 잘 형성되었지만, 집에서의 생활이 스트레스로 다가오자 가족은 그들의 라이프스타일에 어울리는 집을 찾아 이사를 하기로 결심했다.

"우리 가족과 잘 맞는 동네가 어디일까 고민하다가 문득 숲이 가까우면 좋겠다는 생각이 들었어요."

1 벽돌, 나무와 조화를 이루는 소재를 오래 고민하다가 원오디너리맨션에서 찾은 LC 오리지널 소파와 빈티지 체어를 들였다.

2 안방은 시현·시아 자매의 놀이 공간이 되었다. 아이들이 자라면서 채워 나갈 미완의 공간으로, 정리 정돈을 위해 맞춤 제작 가구와 스트링 시스템을 배치했다.

주택을 개조해 만든 '식스티세컨즈 홈'에서 마당이 있는 집의 매력에 푹 빠진 그는 숲에 면해 있는 아파트를 목록으로 만들고 직접 찾아가 숲과 맞닿아 있는 동을 살펴보았다. 그리고 매물이 있으면 부동산을 방문했다.

"영화 〈카모메 식당〉을 보면 핀란드 사람들은 왜 이렇게 여유로워 보일까 하고 묻는 장면이 나와요. 누군가가 '숲이 있어서 그래요'라고 답하죠. 영화가 끝나고 나서 그 장면이 자꾸 머릿속에 맴돌더라고요."

그들이 찾은 집은 판교의 한 아파트였다. 아파트 1층이지만 창밖에 키 큰 나무들이 우거졌고, 현관을 나서면 산책로가 이어졌다. 산책로를 걷다 보면 숲으로 향하는 길이 나온다. 이곳으로 이사한 뒤 오래 지나지 않아 가족의 생활 풍경은 이전과 많이 달라져 있었다.

하루하루를 만들어 가는 집

김한정 씨가 가족과 함께 집을 만들어 가는 과정은 꽤 인상 깊었다. "현재의 삶을 조금 더 잘 살아 보고자 했던 게 이사의 목적이었어요. 앞으로 어떤 방향으로 살고 싶은지 함께 고민하고, 하나씩 이뤄 가는 집이면 좋겠다고 생각했지요. 그래서 인테리어를 하기에 앞서 가족들과 충분히 인터뷰하는 시간을 가졌어요. 이전 집에서 어떤 불편함이 있었는지, 무얼 바꾸면 좋겠는지, 계속 유지하고 싶은 생활이 있는지 등에 관해서 이야기했지요."

그가 가족의 요구를 담아 스케치를 그리고 인테리어 프로젝트 듀오 '콩과하'(@duo.kongha)의 김혜빈, 하진구 디자이너가 인테리어 설계와 시공을 맡았다. 이태원의 '식스티세컨즈 라운지'를 함께 만들며 한 차례 호흡을 맞췄던 세 사람은 이제는 눈빛만 봐도 무얼 원하는지 알 만한 사이이다.

실내는 두 가지 콘셉트로 나뉜다. 그가 주로 사용하는 주방 겸 업무 공간을

집에서도 실외를 만끽할 수 있도록 꾸민 베란다는 가족들이 가장 아끼는 공간이다.

편안한 침대와 심플한 인테리어로 꾸민 부부 침실.

비롯해 거실과 침실은 그의 취향에 맞춰 꾸미고, 시현·시아 자매의 방과 놀이방은 아이들의 바람대로 밝고 화사하게 꾸몄다. 주방의 검은색 기둥 옆 공간은 본래 안방으로 현재는 드레스룸과 세탁실, 욕실과 자매의 놀이방이 자리한다. 부부는 북쪽으로 낸 작은 방을 침실로 사용하는데 편안한 침대와 자기 전에 읽을 책 몇 권만 있으면 족하다.

그는 핀란드 디자인의 거장, 알바 알토의 건축을 특히 좋아한다. 자연 친화적이면서도 기능적이고, 간결한 아름다움이 담긴 알토의 건축과 기능성·실용성을 추구하는 그의 생활이 하나의 결처럼 느껴진다. 그는 알바 알토의 건축에서 보이는 요소들을 실내 곳곳에 차용했다. 거실과 베란다에 벽돌과 나무를 사용하고, 주방 테이블도 나무로 제작해 공간의 연결감을 주었다. 내력벽인 기둥을 둥글게 마감한 검은색 기둥은 어느 각도에서 보아도 시야에 들어오며 집의 특징적인 부분으로 자리매김했다.

"이 집이 좋았던 이유는 거실이 ㄴ 자 구조인 점도 있었어요. 커다란 창문이 두 면으로 나 있는데 한쪽에는 숲이 보이고, 다른 한쪽에는 소나무가 드리워져 정말 근사했거든요. 사람들은 베란다를 불필요한 공간으로 여기고 거실을 확장하는 경우가 많은데, 베란다는 실내와 실외를 연결해 주는 다리 역할을 하는 공간이에요. 실내지만 실외를 느낄 수 있는 중요한 역할을 하지요."

숲 가까이에 살다 보니 아침에 일어나면 제일 먼저 창문을 여는 것이 습관이 되었다. 숲 내음을 맡고 새소리를 듣고 의자에 앉아 '숲멍'을 하는 시간도 많아졌다. 이사를 한 뒤 아이들이 학교에 적응할 때까지 재택근무를 병행했다. "저의 주중과 주말의 루틴은 조금 달랐어요. 특히 월요일과 화요일에는 집에서 일했는데, 처음에는 업무와 가사가 마구 섞이면서 혼란스러울 때도 있었어요. 하지만 시간이 흐르자 저만의 룰이 생겼지요. 평소 출근할 때 도로에서 보내는 시간을 저를 위해 쓰는 거예요. 산책을 하거나 필라테스를 하고, 차를 내리고 출근 시간인 10시 정각이 되면 테이블에 앉아 집중적으로 업무를 시작했어요."

직장인처럼 9 to 6를 고수하지 않고 자신의 생활 루틴에 맞춰 집중할 때와 이완할 때를 조정하는 요령도 생겼다. 아침에 업무를 시작해 오후 3~4시경 끝내면 아이들의 숙제를 봐 주거나 학습 준비를 도와주고, 저녁 시간에 한 번 더 집중

김한정 씨와 고양이 쿠마. 밖이 보이는 커다란 창은 쿠마에게도 멋진 하루를 선물한다. 가족들이 때때로 바닥에 누워 책 보는 것을 좋아해 거실 창을 따라 낮은 책장을 짜 넣었다.

해 업무를 처리했다. 월요일과 화요일에 재택근무를 하면 그 외 평일에 회의와 외근, 출장을 몰아서 하고 주말에는 온전히 쉬었다. 하루를 밀도 있게 보낸 뒤 주말이 되면 침대에서 마음껏 게으름을 피우거나, 어쩌다 일찍 눈을 뜨면 남편과 함께 숲길을 걷곤 한다. 함께 걷기 시작하면서 이야기를 나누는 시간도 부쩍 더 많아졌다.

"회사를 운영하다 보니 늘 걱정이 많았어요. 그 덕분에 리스크를 관리하며 여기까지 온 것도 있지만요. 그런데 어느 순간 돌아보니 지금을 놓치며 살고 있더라고요. 기쁨의 순간, 즐거움의 순간을 박차고 나오는 나의 걱정이 정말 싫었어요. 그래서 '오늘은 오늘대로 좋으니 걱정은 닥치면 하자'는 강철 마인드를 지니려고 해요. 때론 일희일비하는 것도 괜찮은 방법이라는 생각이 듭니다."

김한정

소공동 롯데호텔, 용평리조트, 인천국제공항, 도서관 등의 프로젝트 가구를 기획하고 디자인했으며 한샘도무스, 까사미아에서 디자이너로 경력을 쌓았다. 회사를 다니다가 매트리스 분야에 매력을 느껴 동료와 협심해서 식스티세컨즈를 창업한 뒤 브랜드 디렉터로 일하고 있다.

Chapter 4

작품으로 가득 채운 집

김리아 갤러리 김리아 대표 · 김세정 실장의 청담동 집

집에서 시작하는 예술

놀이처럼 재미있게 시작했다. 가구보다는 그림이 먼저요, 그림 보는 눈이 관계를 읽는 지혜로, 공간을 보는 감각으로 성장했다. 생활 속에서 예술이 어떻게 살아 숨 쉬는지 궁금하다면 청담동 김리아 갤러리의 리빙 아트 프로젝트를 눈여겨보라.

2021년 스페인 메노르카섬의 오래된 해군 병원을 개조한 복합 문화 공간이 오픈했다. 20세기 현대 미술 거장들의 예술 작품으로 야외 산책로를 조성하고 갤러리와 아트 숍, 레스토랑으로 구성한 섬 예술 센터는 넥스트 구겐하임으로 불리는 '하우저앤드워스Hauser&Wirth'의 새로운 오프라인 프로젝트다. 갤러리가 작가 레지던시, 아트 호텔, 레스토랑, 서점을 갖춘 복합 문화 공간으로 거듭나면서 고객은 일상에서 다양한 방식으로 예술을 접할 수 있다. 삶과 쉼 안에서 예술을 경험하는 공간을 궁리하고 실험하며, 비즈니스의 새로운 전략을 제시하는 것은 비단 하우저앤드워스뿐 아니라 모든 갤러리가 꿈꾸는 비전일 터. 갤러리가 단순히 그림 판매를 넘어 문화생활 전반을 안내하는 라이프 큐레이터로서 역할을 요구받는 지금, 일찍이 '모두를 위한 예술'을 주창하며 새로운 챕터를 준비하는 김리아 갤러리의 행보를 주목해야 하는 이유다.

집이라는 캔버스

2008년 'K& 갤러리'로 시작한 김리아 갤러리는 청담동의 문턱 낮은 갤러리로 유명하다. 미술대학 졸업 후 30년간 수집한 작품을 더 많은 사람과 나누고 싶어 갤러리를 오픈한 김리아 대표와 건축과 순수 미술을 전공한 딸 김세정 실장은 2012년 청담동 골목의 다가구 주택을 개조해 주거 공간을 겸한 갤러리를 선보이며 본격적인 리빙 아트 프로젝트를 시작했다. 작품이 생활의 일부가 되고, 일상 속 평범한 장면이 다시 작품이 되는 삶과 예술의 접점은 가족 구성원 모두에게 적지 않은 영감을 줬고, 갤러리의 모토가 되었다.

"청담동 골목 갤러리를 밝힌 '모두를 위한 예술'이라는 문구는 더 이상 새롭게 느껴지지 않을 만큼 예술이 우리 일상에 더욱더 가깝게 스며든 것 같아요. 대중의 니즈와 눈높이가 높아진 만큼 우리도 변화가 필요했죠. 아이가 태어나고 라이프사이클이 바뀌면서 공간의 한계도 느꼈고요."

김세정 실장은 이사를 결심하고 동네를 먼저 알아봤다. 한남동, 성수동, 논현동을 두루 살폈지만 갤러리와 주거 공간이 함께하고, 3대가 따로 또 함께 사는 조건에 맞는 건물을 찾기가 수월했을 리 없다. "그러다 우연히 이 건물을 만났어요. 명품 플래그십 스토어가 즐비한 거리에서 1층은 편의점으로, 4, 5층은 교회와 주거 공간으로 사용하는 모습이 사뭇 인상적이었죠. 줄자도 못 챙겨서 손대중으로 공간을 가늠했는데, 집에 와서 스케치를 해 보니 왠지 재미있는 구성이 나올 것 같더라고요. 천장 보가 하중을 받치는 구조라 벽체를 털어 트인 구성을 할 수 있다는 점도 매력적이었고요."

김세정 실장은 8년 전 다가구 주택 레노베이션에 이어 또다시 실력 발휘를 했다. 편의점, 분양 사무실, 교회 등 다양한 시설이 있던 상가 주택은 기존 구조의 장단점을 살려 갤러리와 사무실, 주거 공간으로 변신했다. 가장 먼저 1층은 어두컴컴하던 주 출입구를 넓히고 통창으로 마감하고, 창고로 사용하던 왼쪽 공간은 단을 올려 오픈 라운지로, 편의점이 있던 오른쪽 공간은 전시실로 구성했다. 분양 사무실이 있던 2층 공간은 내부 계단과 중앙 홀을 중심으로 양쪽에 방 세 개가 있던 기존 구조에서 벽을 해체해 메인 전시실, 서브 전시실, 집무실을 배치했다.

"레노베이션은 주어진 재료로 맛있는 요리를 해야 하므로 포기해야 할 게

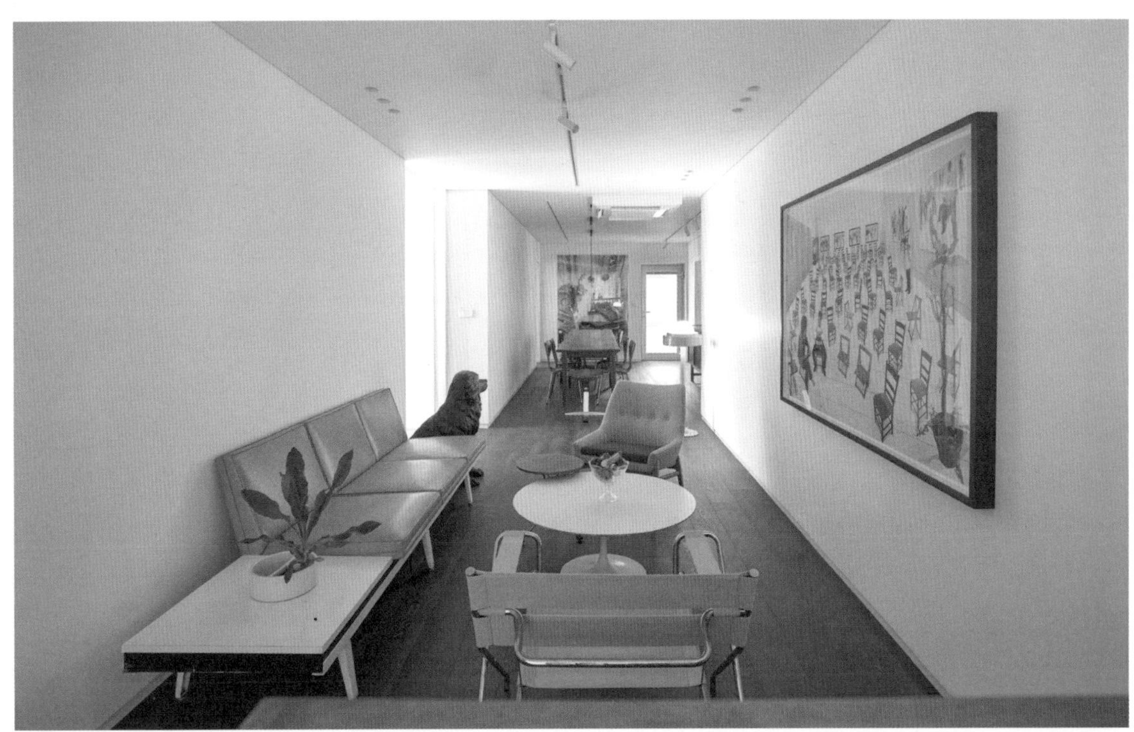

작품들이 빈티지 가구와 조화를 이루는 거실과 디이닝 공간은 갤러리의 라운지 역할을 한다.

1

2

3

많지만, 재료를 어떻게 활용하느냐에 따라 전혀 예상치 못한 새로운 메뉴가 탄생하기도 하죠. 목사님 부부가 가장 꼭대기 층에 살면서 아래층에는 교회를 열었는데, 보통의 교회 예배당처럼 길이로 긴 공간이 하나로 트여 있었어요. 아파트에서는 구현할 수 없는 16미터 긴 축의 장점을 최대한 살렸죠."

4층은 주거와 갤러리의 역할을 두루 담은 구성이 특징이다. 16미터 길이의 평면은 절반을 횡으로 나눠 동쪽으로는 주방과 침실, 서쪽으로는 라운지와 다이닝 공간이 자리한다. 현관을 들어서면 왼쪽에 다이닝, 오른쪽에 라운지가 있고, 라운지 뒤쪽으로는 딸 서령이 방, 다이닝 공간 뒤쪽으로는 게스트룸을 배치했다. 사적 영역과 공적 영역을 구분하기 위해 부부 침실과 드레스룸, 욕실 등을 마치 '집 속의 집'처럼 박스 형태로 구성한 것이 특징. 침실과 라운지를 나눈 하얀 벽체를 비롯해 다이닝 테이블 너머, 빈티지 사이드보드 위 모두 작품을 전시하는 홈 갤러리의 쇼케이스 역할을 한다.

"고객은 항상 저희 집에 어떤 작품이 걸려 있는지 궁금해해요. 이전 집도 홈 갤러리 역할을 염두에 두고 레노베이션을 했지만, 아이 물건이 점점 늘어나면서 늘 오픈하기에는 무리가 있었거든요. 서령이 방을 넓게 구성한 이유예요. 아이가 재미를 느낄 수 있도록 아치 벽을 통해 공간을 여러 조각으로 나누고, 핑크와 옐로 등 화사한 컬러를 입혔죠."

1 김세정 실장의 딸 서령이 방 입구. 황도유 작가의 회화 작품이 환하게 맞아 준다. 기존 벽체에 아치 구조를 더해 안쪽에 침실을 구성하고, 사진 왼편 창가 쪽으로 순환하는 구조로 창가 앞쪽에 책상을 배치했다.

2 '방 속의 또 다른 방'을 콘셉트로 한 서령이의 원더랜드.

3 김세정 실장의 부부 침실과 서령이 방이 마주 보는 구조. 오른쪽 파티션 너머가 라운지 공간이다.

1 아치 너머로 침실과 주방이 마주하는 구조. 안쪽 벽에 김리아 대표의 남편 김우경 씨의 초상이 걸려 있다.

2 다섯 식구의 식사를 책임지는 주방은 김세정 실장이 가장 편안하게 사용할 수 있는 11자 동선으로 구성했다. 진한 초록색 싱크와 하늘색 블라인드의 컬러 조합이 인상적이다.

3 미드센추리 사이드보드가 공간에 온기를 더한다. 사이드보드에 놓인 성경은 조부모님께 물려받은 유산이다.

그림이라는 마감재

김리아 대표 부부의 주거 공간인 꼭대기 층은 반대로 동서로 길게 트인 것이 특징이다. 원래 거실과 안방이 있던 구조를 하나로 터 리빙 라이브러리를 만들고, 부실은 침실 하나만 두고 부엌도 최대한 간소하게 구성했다.

"라이프사이클에 맞춰 집의 구성도 바뀌더라고요. 예전 집은 부모님 댁이 더 컸는데, 저희 세 식구가 늘 올라가 있으니까 힘드셨나 봐요. 밥솥도 필요 없다, 단출하게 살고 싶다고 말씀하시더라고요. 살림의 기능은 온전히 저희 집으로 가져가고 꼭대기 층은 라이브러리 기능을 강조했죠. 책 읽고 음악 듣는 걸 좋아하는 아버지를 위해 한쪽 벽면 전체에 책장을 구성했어요."

서령이는 책을 읽고 싶을 때는 꼭대기 층으로 올라가 할아버지, 할머니 사이에 자리를 잡는다. 저녁 시간이 되면 다시 아래층 다이닝 공간에 모여 다섯 식구가 함께 밥을 먹는다. 식탁 맞은편에 걸린 작품은 자연스레 대화의 소재가 된다. 김리아 대표는 "저와 남편 모두 열정적인 컬렉터였기 때문에 세정이가 어릴 때부터 가족이 모이면 그림에 대해 토론했어요. 이 작품은 화풍이 독특하다, 구성이 좋다 등 각자의 느낌을 이야기하다 어디에 걸까 의논하고, 또 어떤 가구와 어울리겠다는 이야기를 나누며 시간을 보냈죠. 아마도 이런 가족의 역사가 김리아 갤러리를 만들었겠죠"라고 회상한다.

김리아 갤러리를 설명할 때 '마중물 아트 마켓'을 빼놓을 수 없다. 1년에 한 번 신진 작가를 발굴해 전시도 열고 작가와의 대화, 워크숍 등 다양한 행사도 진행하는 마중물 아트 마켓은 지금까지 일곱 차례 전시를 개최했다.

"요즘 많은 분이 갤러리 콘셉트가 뭐냐고 물어요. 그런데 그 질문은 이 세상에서 무슨 색이 가장 좋으냐고 물어보는 것과 똑같다고 생각해요. 콘셉트보다는 방향성을 정하는 게 우선이죠. 이민 갈 때 공항에 누가 마중 나오느냐에 따라 그 사람의 인생이 바뀐다고 하잖아요. 작가에게도, 컬렉터에게도 첫 갤러리가 너무나 중요해요. 가격보다는 작품성을, 현재보다는 앞으로가 더 기대되는 작가를 책임감 있게 소개하는 갤러리로 남기 위해 더 노력해야죠."

매일 아침 눈을 뜨면서 오늘은 또 얼마나 재미있을까 기대한다는 김리아 대표의 말에 세정 씨가 화답한다. "갤러리를 운영하지 않았다면 아마도 아파트에

우드와 베이지, 웜 그레이, 그린 등 따뜻한 색감이 어우러진 꼭대기 층 주거 공간. 한쪽 벽 전체를 책장으로 구성해 가족의 관심사를 알 수 있는 다양한 분야의 책(김리아 대표가 혼수로 가져온 브리태니커 사전까지!)을 충분히 꽂을 수 있다.

살고 있겠죠? 갤러리를 운영하면서 다른 삶의 형태가 가능하다는 걸 알았어요. 공간에 대한 고민도 실질적으로 더 많이 하는 것 같고요."

전공을 살려 건축을 주제로 한 전시 프로젝트 코디네이터로도 활동한 세정 씨는 건축과 작품 큐레이션이 완전히 다른 일이라고 생각하지 않는다. 삶 속으로 들어가는 것이 작품이기에 공간을 보는 안목도 동시에 지니고 있어야 한다는 것. 그림을 걸기 위해 가구를 재배치하고, 스타일링도 제안하면서 성취감을 느낀다니 천생 갤러리스트다.

"남편이 최근 비즈니스 미팅을 하는데, 상대 회사 공간에 마침 아는 작품이 걸려 있더래요. 실제 베를린 전시를 찾아갔을 정도로 좋아하는 작가 작품이라 신나서 경험담을 이야기하다 보니 미팅 분위기가 화기애애해지고, 비즈니스도 잘됐다고 흐뭇해하더라고요."

서로에 대한 어떤 정보도 없이 교감할 수 있는 수단, 그게 바로 예술의 힘이 아닐까? 그림 보는 눈이 관계를 읽는 지혜로, 공간을 보는 감각으로 동반 성장하는 경험. 예술이라는 공통 관심사가 매개체가 되어 새로운 비즈니스를 시작하고, 예술을 주제로 자연스럽게 대화를 나누는 가족의 모습은 대화 없는 식탁에서 스마트폰만 만지는 무미건조한 생활에 화두를 던지기 충분하다.

김리아 갤러리
서울시 강남구 압구정로75길 5 | 02-517-7713 | kimreeaa.com

김리아 · 김세정

40년간의 컬렉션 경험을 가진 김리아 대표와 건축과 순수 미술을 전공한 김세정 실장은 2008년부터 갤러리를 설립하여 운영하고 있다. 작가와 함께하는 체험 프로그램, 신진 작가들이 자신의 작품 세계를 직접 관객에게 전달하는 '마중물 아트 마켓'을 진행해 오며 삶과 예술이 밀접하게 연결되는 라이프스타일을 큐레이팅하고 있다.

예술가 이상일이 이룩한 숲속 별세계

인생이라는 예술

짐승들, 계곡, 산, 나무가 펌프질하듯 물을 빨아올리는 소리가 이천 모가면 서경리 산자락을 쾅쾅 울린다. 소리들이 깨어나는 새벽 2시 반, 예술가 이상일은 캔버스에 엎드려 연필 들고 수행하듯 그림을 그린다. 그러다 날이 밝으면 1,000여 평의 문화 공간 '라드라비'를 쓸고 닦는다. 세 번째 직업을 얻은 이상일의 인생 예술이다.

날개를 달지 못한 채 중력에 마주 선 말도, 배 밑에 발을 감추고 바람에 몸을 맡긴 갈매기도 모두 자유를 안다. 다들 자기가 깨친 이치로 자유를 얻었다. 패션 디자이너에서 미용사, 그리고 예술가로 직업을 세 번 바꾼 남자. 그가 깨친 이치는 무엇이며, 그 이치를 통해 얻은 자유는 무엇일까?

미용사 이상일은 2012년 서울리빙디자인페어에서 자신의 장례식을 상상하며 치른 퍼포먼스 무대 〈라스트 뷰티Last Beauty〉를 선보였다. 모든 이가 다 꽃이라는 뜻을 담은 티슈 꽃 1만 송이, 손수 추린 유품, 직접 그린 영정, 샴페인 잔·초와 쌀로 장식한 제상…. 나를 포함해 많은 이가 그 사死의 찬미, 곧 생生의 찬미에 압도된 바 있다.

"그때 죽었으니 이제 환생해서 다른 일을 해야겠다 싶었고, 그래서 빨리 은퇴했어요. 전문 직종은 세월이 갈수록 농익어서 전국 각지에서 더 찾아오는 법인데, 그러다가는 내가 운명적으로 타고난 재능을 펼칠 시간이 없잖아요. 경기도 이천의 산속에 컨테이너를 짓고 그림을 본격적으로 그리기 시작했죠."

강남 한복판에서 연예인과 유명인을 상대하던 '파크뷰 바이 헤어뉴스' 대표는 은퇴 후 그동안 벼려 온 창작열을 뿜어냈다. 스스로 장례식을 치르더니 이곳이 내생인지 현생인지 모를 세상을 그림으로 그렸다. 이 그림들엔 에르메스 백이, 광화문이, 양재 꽃 시장이, 여배우가 등장했다. 예부터 시상詩想이 떠오르는 세 곳으로 마상馬上, 측상廁上, 침상寢牀을 꼽는다. 그의 그림은 모두 세상의 길거리에서, 측간에서, 이부자리에서 얻은 것이다. 그가 제대로 그림 교육을 받지 않은 것이 이토록 다행스러울 수가! 전대미문의 '이상일 스타일' 그림은 그렇게 저잣거리에서 태어났다.

이 산자락의 주인은 바위와 나무였으므로

사람은 화두로 깨치지만 관계에 닦인다고 했다. 꽃 시장과 미용실과 화실을 오가며 만난 인연이 모르던 아름다움을 알게 했고, 조금씩 다른 사람이 되게 했으며, 과거의 자기로부터 떠나는 진정한 자유를 선물했으니 그 빚을 좀 갚고 싶었다. 이천 모가면 서경리에 마련해 둔 나지막한 야산 계곡을 바라보며 우선 종이 한가운데에 연필로 갤러리를 그려 넣었다. 구불구불한 오솔길 따라 한옥을 몇 채 그리고, 바위 계단 따라 레스토랑과 카페와 베이커리를 슥슥 채워 넣고, 워크숍이나 결혼식을 치를 만큼 제법 큰 건물도 그려 넣고, 반대쪽 언덕에 서양식 숙소 몇 채 앉히

라드라비를 지을 때 이 숲의 주인인 나무와 바위, 9부 능선을 최대한 놔두고 건물을 앉히다 보니 집들이 구불구불 등고선처럼 자리하게 되었다.

고…. 다 그리고 보니 복합 문화 공간 라드라비가 되어 있더란다. 그 그림대로 건물을 하나씩, 이천의 인력만으로 짓고, 완성한 후에야 건축 허가해 주는 사무소에서 크기를 재 도면을 그리고, 준공 허가를 받았다.

자연은 태초의 재료에서 제 맘대로 한 줌도 더하거나 덜지 않는다. 이러한 자연 이치를 깨친 그는 라드라비를 지을 때 연신 마음을 단속하고 또 단속했다. 본디 이 산자락의 주인은 흙과 바위, 나무, 짐승이고 우리는 그 주인 곁을 슬쩍 스쳐 지나는 존재이기에 숲의 주인을 존중하며 제집을 지어 나가는 게 마땅했다.

"아카시아나무처럼 진짜 쓸 수 없는 나무만 제거하고, 자생하는 소나무·참나무·진달래 같은 산의 주인은 그대로 뒀어요. 진달래 한 그루의 자리를 피해, 거대한 바위와 9부 능선을 최대한 놔두고 건물을 앉히다 보니 등고선을 따라 구불구불한 실루엣이 생겨났죠."

'어떻게' 대신 '왜'를 묻는 이의 라드라비

삶이 관성이 되면 본질을 까먹기 마련이다. 많은 이가 '어떻게'를 생각하며 살지만, '왜'라고 질문을 던지지는 않는다. 그는 '이걸 어떻게 하지?'를 묻기 전 '이걸 왜 하지?'부터 생각한다. 1,000여 평 라드라비의 중심에 갤러리가 있는 것만 봐도 그는 왜라고 묻는 이가 맞다. 갤러리에서 그는 자신의 예술적 성취와 세계관을 과시할 생각이 없다. "내 그림은 그냥 마음의 지도 같은 거예요. 인생은 곧 아름다움이니 죽을 때도 아름답고 태어날 때도 아름답다고 그림으로 이야기해 주고 싶은 거죠." 인생은 모든 예술과 직업의 총합보다 크다. 예술 하는 그가 인생을 먼저 이야기하는 까닭이다.

"은퇴를 앞두고 아산 외암리를 오가며 그림 그리던 시절, 집사람하고 방구들에 앉아 '여보, 인생이 뭐야?'라고 넌지시 물으니까 집사람이 '인생 예술만 한 예

1 체험 공간과 단체 숙소 옆으로 세 채의 한옥이 자리한다.
2 한옥 숙소 내부도 이상일 스타일로 꾸렸다.

2

술이 어디 있겠어? 인생은 예술이야' 하는 거예요. 아, 인생이 예술이란 말이지. 그래서 이곳의 이름이 라드라비L'art De La Vie가 됐어요."

갤러리에는 헤어 부티크 고객들의 머리카락을 수만 개 캡슐에 담아 만든 설치 작품 〈뷰티 DNA〉, 광화문 앞에 선 모델들과 관객이 타고 온 자동차까지 모두 연필화로 그린 〈광화문 패션쇼〉, 런웨이처럼 연출한 무대 위에 여러 폭의 캔버스를 붙인 연필화 대작과 설치 작품 〈인생의 나룻배〉를 두었다. 2012년 작품을 고스란히 옮겨 온 〈라스트 뷰티〉, 엄마 배 속으로 들어가듯 터널을 지나 천창으로 보이는 하늘과 갓난아기의 울음소리 그리고 심장 박동을 구현한 설치 작품 〈퍼스트 뷰티〉도 전시했다.

등고선의 제일 윗자리에는 가난하게 살다 장례도 치른 듯 만 듯 가신 아버지를 생각하며 '서경재', 목단이 피는 자리에 아내를 위해 '목단채', 봄이면 가장 먼저 산수유 피는 곳에 딸내미를 생각하며 '산수채', 이렇게 한옥 세 채를 지었다. 100년 이상 된 수키와를 올리고, 생들기름으로 새 나무 기둥과 들보, 대청을 연신 닦아 고재처럼 착색하고, 다른 난방 시설 없이 불 때는 아궁이를 만들고, 황토 장판을 깔았다. 그가 정성껏 보듬은 이 집 세 채는 한옥 게스트하우스로 쓰고 있다. 그가 그랬듯 그리운 아버지와 어머니가 살던 집 같은 곳에서 잠시 쉬며 노닐다 가길 바라며.

반대쪽 언덕배기에는 홍송 옆에 적벽돌, 참나무 옆에 회벽돌이 어우러진 서양식 객실 여덟 채를 지었다. 그와 아내가 신혼살림을 시작한 압구정, 석양이 아름답던 덕소, 창밖을 보며 샴페인 한잔 즐기던 팔당, 그리고 신사·잠원·서초·청담·삼성 등 부부가 살아온 이야기도 로지 객실 이름에 슬며시 끼워 넣었다.

오늘도 창조했는가

하루 종일 철쭉밭이며 메밀밭을 일구다가도 새벽 2시 반이 되면 그는 작업실에 정좌하고 세필을 잡는다. "나와 연필과 내 생각이 일치할 때는 그야말로 황홀경에 들어요. 내 몸이 있는 것도 아니고, 없는 것도 아니고. 아주 진저리 칠 정도예요. 세상에 이런 게 다 있구나 싶지요. 내 마음이 고요해지면서 모든 장르가, 정말 생각지도 않은 장르들이 마구 몰려와요. 그게 중독이 돼서 새벽 2시 반을 기다

1 라드라비의 중심 공간인 갤러리. 고객의 머리카락을 수만 개의 캡슐에 넣은 설치 작품 〈뷰티 DNA〉, 고객을 상상하면서 그린 〈꽃과 여인〉 등의 작품이 전시되어 있다.

2 설치 작품 〈라스트 뷰티〉는 자신의 죽음을 상상한 것이다. 직접 그린 영정과 제상, 시신의 형상이 관람객을 맞고, 그 뒤편으로 애도하는 여인들의 행렬을 그린 〈승리와 자유의 여인들〉이 이어진다.

1 팔당, 압구정, 청담, 덕소, 삼성 등 이상일 씨 부부가 살아온 동네 이름을 붙인 서양식 객실.

2 식당, 카페, 베이커리 등도 마련했다. 곳곳에 그의 작품을 두어 미각뿐 아니라 시각적으로도 충만한 공간으로 만들었다.

리는 거지요."

라드라비의 안내장 마지막 페이지에 그의 글이 있다. "기쁜 꿈도, 비현실적인 꿈과 아름다운 꿈도, 애틋한 꿈도 그대로 삶과 인생이 되었습니다. 쉼 없이 아름다움을 나누고자 애썼던 인생이 그래서 즐거웠고 헛된 것은 아니었네요. (…) 나는 꿈을 따라 오늘도 갑니다. 나는 오늘도 창조했는가?"

복합 문화 공간 라드라비
경기도 이천시 모가면 진상미로1163번길 220 | 031-631-5800 | lartdelavie.kr

이상일

프랑스 국립미용학교를 수료하고 명동에 오픈한 '헤어뉴스'를 시작으로 30년여 간 한국 미용업계에 파격을 가져왔다. 업계 최초로 직원에게 유니폼을 입히고, 미용사에게 헤어 디자이너와 선생님이라는 호칭을 부여했으며 미용실과 카페, 베이커리 등을 한곳에 갖춘 복합 공간을 세워 청담동 미용실 시대를 연 미용계의 살아 있는 전설이다. 2012년 은퇴한 후 예술가로 변모했다.

예술 기획자 신수진의 안목 엿보기

예술, 문을 열고 나가게 하는 힘

예술 기획자이자 예술 애호가의 집은 어떠한 모습일까? 아니, 예술은 밥 짓는 집 안의 일상 속으로도 무한히 확장될 수 있는 것인가? 용산의 고층 아파트, 필동의 건물에서 '예술' 하는 기획자 신수진의 오늘이 그 힌트가 될 것이다.

문으로 세계가 열리고 다시 세계가 그 문으로 수렴되는구나. 한 인간의 삶이 문 하나에 담겨 있구나. 거대 석상처럼 하늘을 받치고 선 용산의 주상 복합 아파트 출입구를 고개 꺾어 올려다 보며 생각한다. 승강기가 중력을 거스르며 수십 층 위로 치솟고, 또 한 번 문이 열리자 사진작가 이정진의 작품 〈윈드〉가 눈앞에 있다. 솔트레이크 호수 바닥의 소금 덩어리가 눈처럼 날리는 '윈드' 시리즈로 객을 맞는 집이다. 구본창, 김중만, 구성수, 장태원… 시선을 돌릴 때마다 이들의 작품도 눈에 띈다.

집을 인간의 영혼에 대한 분석 도구로 생각해 온 고매한 연구자가 꽤 있다. 그 방식대로라면 이 집은 어떤 집인가? 이 집의 주인은 어떤 이인가?

신수진. 명함 한 장만큼만 먼저 소개하자면 예술 기획자, 심리학자라는 타이틀이 앞머리에 붙는다. 심리학과 사진학을 공히 공부하고, 시각 심리학과 사

주방 앞에 둔 테이블은 핀 율이 디자인한 뉘하운 테이블. 특별히 제작한 브래킷으로 길이를 확장할 수 있다. 의자는 카시나의 캐피톨 콤플렉스 체어와 루이자 체어다. 그 위에 걸린 구 형태의 조명등은 보치의 28 시리즈.

진 이론의 연결을 도모해 '사진 심리학'이라는 그만의 영역도 만들었다. 예술 기획·공간 개발·전시·공연·출판을 모두 하는 회사 '램프랩'의 대표이자, 이미 2018년부터 NFT 기반 예술품 거래 회사인 '케이빈Kbean'을 공동 설립하고 운영에 참여하고 있다. 나열하는 것만으로도 입이 버쩍버쩍 마르지만, 꼭 짚고 가야 할 그의 프로젝트가 있다. 문화역서울284와 도시 재생 프로젝트인 대전 소제동 아트벨트 프로젝트의 예술감독으로도 일했고, 일우재단의 크리에이티브 디렉터로도 꽤 오래 몸담았다. 사진·미디어 아트·회화·조각·설치 등 경계 구분 없는 현대 미술 전시를 140회 이상 연 기획자로 가장 유명하다. 이를테면 예술, 미술, 심리, 기획, 공간이란 단어와 가장 오래 지낸 이이고, 그런 이가 사는 집이다.

집에서 하는 예술

이 집 창의 한쪽은 풍채 좋은 한강과 서울 하늘을 통째로 들어다 놓은 듯 뻥 뚫렸고, 다른 한쪽은 성냥갑을 쌓아 놓은 듯 아파트가 빼곡한, 말 그대로 메가시티의 한복판이다.

"제가 압구정 키드예요. 배밭과 아파트가 공존하던 시기부터 그 동네에서 살았으니까. 그래서 강남을 떠나 살 수 있을까 했어요. 뭐 따지고 보면 몇 킬로미터 안 벗어난 동네로 온 거죠. 그러고 보니 어릴 적부터 제집 주변에 공사장이 없던 적이 없네요. 무언가 역동적으로 변화하는 동네를 제가 꽤 흥미로워하는 것 같고, 그게 제게 꽤 중요한 에너지가 돼 왔어요. 이 동네도 그렇죠." 어쩐지 꽤 시야가 시원하다

했더니 아파트 바로 앞이 공사를 앞둔 나대지다.

"집 안의 예술품들요? 제겐 작품이 들어 오는 날의 추억이 있어요. 자주는 아니었지만 부모님이 작품을 구해 와 벽에 걸며 기뻐하던 기억이죠. 전시 기획자로 제가 가장 좋아하는 순간도 작품의 포장을 풀어서 위치 잡고 전시장 벽으로 올릴 때, 심장이 요동치는 그때예요. 예술에 대한 애호적 태도는 할아버지로부터 이어진 것 같아요. 늘상 집에서 클라리넷이나 바이올린 연주를 하셨고, 매일 아침 '이리 오너라' 소리를 따라 가면 묵향 그득한 방에서 글씨를 쓰고 계셨죠. 예술 취향, 예술 애호도는 이렇게 세대를 넘어며 축적된다는 것을 특히 요즘 들어 느껴요. 제가 대학에서 강의 중에 종종 하는 이야기가 있어요. '유명한 작품 속에 예술이 있는 게 아니라, 보는 사람의 눈과 마음속에 예술이 있다.' 작품을 바라봐 주고, 공감하고, 그걸 통해 자기 방식의 상상을 이끌어 내는 이의 눈과 마음, 그 안에 예술이 있는 거죠. 저는 그 눈과 마음을 집안 어르신들에게서 물려 받은 거고요."

물건을 모으고, 들여다보고, 오래 간수하는 행위는 지나간 시대, 즉 인간의 근원에 대한 탐구와도 같다. 현대 미술 작품만큼 오래된 물건도 많은 이 집을 좀 더 들여다본다.

"이 집의 물건은 모두 할아버지에 대한 기억, 아버지에 대한 기억, 저의 모든 첫 순간의 기억이겠죠. 아버지가 모은 수석, 침실 벽에 걸린 할아버지의 '반야

1 수납장 위 조소 작품은 20대 때 구입한 그의 생애 첫 컬렉션, 홍순모 작가의 작품이다. 그때나 지금이나 작가의 이름값으로 작품을 구입하지는 않는다. 이 작품처럼 볼 때마다 표정이 다르고, 그에게 말을 걸어 온다면 오래 곁에 두고 아낄 뿐이다. 오른쪽 사진 작품은 동일본 대지진 때 기울어진 땅에 정박한 배를 찍은 장태원 작가의 작품으로, 어떤 재난 상황에서도 예술은 자기 이야기를 한다는 메시지를 전한다.

2, 3 집에 모아 둔 사물에서도 그의 역사가 보인다. 약통, 국립중앙박물관에서 만든 공깃돌, 해외 박물관에서 구한 아트 상품, 플라워 장식 등 좋아하는 소품을 놓고 종종 자리를 바꿔 준다.

1

2

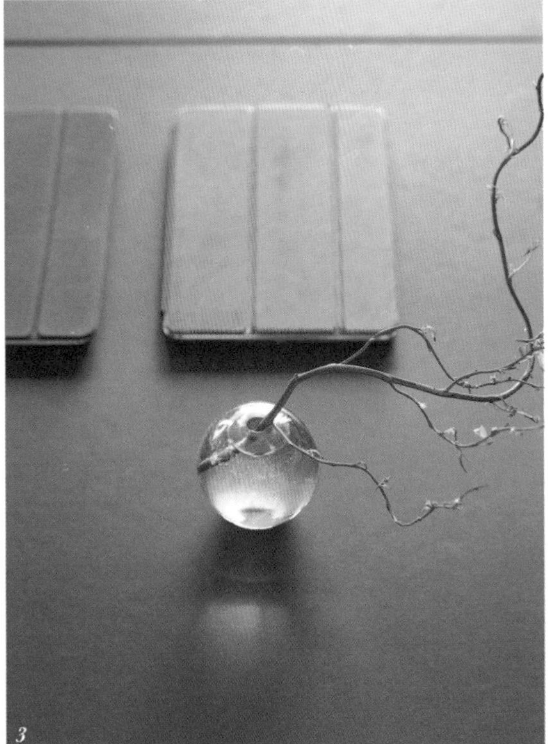
3

침실엔 아버지가 고등학교 때 침대 옆에 놓아 주신 병풍, 영국 출장에서 사 온 패브릭으로 만든 커튼, 첫 터키 여행에서 구입한 카펫, 중국 출장에서 구입한 실크 자수 이불이 오묘하게 조화를 이룬다.

심경' 글씨, 구십 몇 년도엔가 예화랑에서 제가 생애 처음 산 작품, 고등학교 때 아버지가 제 방 침대 머리맡에 놔주신 병풍, 성악곡을 좋아하던 아버지의 라디오…. 이 집은 우리 가족의 과거와 미래를 연결해 주는 나의, 우리의, 모든 것의 출발선이죠." 사물이 기억하는 3대의 시간이 층적운처럼 쌓인 집이다.

"저는 웬만하면 큰 가구를 들이지 않아요. 대신 작은 가구나 소품, 작품의 자리를 계속 옮기죠. TV 앞에 소파를 놓으면 거기 앉아 있는 시간 동안 TV 말고 다른 걸 못 보잖아요. 집 안에서도 계속 뷰포인트, 관점을 바꿔 주는 게 필요해요. 집에서도 얼마든지 새로운 경험을 계속할 수 있으니까요. 심리학에 '체화된 인지'라는 개념이 있는데 내가 뭘 보느냐, 어떻게 느끼느냐가 곧 내가 세상에 대해 알고 있는 바라는 말이죠. 보는 것, 느끼는 것을 변화시키면 알고 있는 것도 늘어나요. 세상을 대하는 태도도, 하고 싶은 바도 달라지고요."

밖에서 하는 예술

2021년 하반기, 그는 중구 필동에 복합 문화 공간 '마프MAF'를 열었다. 작가들의 쇼케이스 공간이며, 예술적 아이디어와 감성을 나누는 라운지이자 강의와 토론에 집중하는 콘퍼런스룸이다. 이 공간에 그의 또 다른 생각이 담겨 있다.

"메타버스에 들어가서까지 사람들은 자기 장소를 만들잖아요. 제게도 계속 주어지는 과제가 공간이에요. 마프는 5층짜리 건물 5층에 있어요. 한 층 위 옥상에 올라가 보고 깜짝 놀랐어요. 고도 제한 덕분에 남산의 파노라마 뷰가 펼쳐지는데, '아! 남산은 남쪽으로 보는 산이구나, 나는 매일 남산을 엉뚱한 쪽으로만 보고 살아서 이 멋진 능선의 곡선을 몰랐구나' 싶었죠. 굉장히 새로운 시각 경험이었어요. 그것처럼 어디에 서서 바라보느냐에 따라 무엇을 보는지가 달라지고, 어떻게 봐야 할지도 생각하게 되죠. 여기서도 '관점'이 등장해요. 아티스트로 하여금 새로운 걸 보고, 같은 현상도 달리 듣고, 그 경험을 예술과 접목해 사람들에게 전달하게 하는 장소, 그게 마프이길 바라요."

남산의 척추를 목도한 그의 시각 경험은 마프 안에 유기적 곡선으로 구현되었다. 건물 안과 밖이 이렇게 연결되었듯 그 안의 사람, 그들의 활동도 유기적으로 넘나들기를 바란다. "제가 좋아하고 잘하는 일 중 하나가 흐름과 맥락을 만드

1 거실에 걸린 구본창 작가의 작품과 카시나의 LC1 체어, 테이블과 의자로 모두 활용 가능한 블랙 송치 큐브. 계절마다 벽에 걸린 작품을 바꾸는데 주로 그와 같이 전시 프로젝트를 진행한 작가들의 작품을 소장한다.

2 장태원 작가의 작품, 아버지의 수집품인 수석과 함께 놓인 소잉 테이블.

3 김중만 작가의 사진을 걸어놓은 방. 하우스 오브 핀 율의 로스 테이블과 펠리칸 체어, 프리츠한센의 시리즈7 체어를 두었다.

는 거예요. 재료들을 늘어놓고, 볼 때마다 내게 다르게 말을 거는 장면을 뽑아내고, 그 장면을 이을 줄기를 만들죠. 아, 그러고 보니 우리 집 소파 컬러를 고를 때도 그랬네요. 2~3주 동안 거실 바닥에 컬러칩을 깔아 놓고 해 뜰 때, 해 질 때, 밤에 불 켰을 때 그 컬러를 계속 들여다봤어요. 인상적인 장면을 만드는 컬러를 고르고, 소파의 연속체처럼 다른 사물을 골라 넣고. 그렇게 집 안에도 흐름을 만들었죠. 마프에서 여는 전시, 토론, 강연, 이벤트도 그런 흐름과 맥락에서 이루어질 테고요." 이 말의 행간에는 세상과 예술에 대한 융단 폭격 같은 질문이 숨어 있다.

이쯤에서 '그의 삶에서 예술이란 무엇인가?'라는 궁금증이 몰려온다. "질문하는 힘이에요. 나만의 방식으로 질문하고, 나만의 방식으로 답을 찾게 하는 힘이죠. 이걸 못 할 때 사람이 굉장히 불행해지거든요. 그리고 나와 세상을 묶어 주는 고리죠. 예술 때문에 도전하고 싶은 것이 있고, 예술 때문에 집 밖에 나가서 낯선 사람이나 작가를 만나고. 예술이 없다면 그런 일이 제게 일어나지 못했을 거예요."

신수진

시각심리학과 예술 이론을 접목하여 사진 심리학이라는 영역을 개척한 심리학자이자 문화예술 콘텐츠에 기반한 장소성 개발을 해 온 문화예술 기획자이며 칼럼니스트. 램프랩 디렉터, 한진그룹 일우재단 크리에이티브 디렉터, 문화역서울284 예술감독, 국립현대미술관 전시 및 작품 가치 평가위원, 예술의전당 전시 자문위원, 충청북도 총괄 크리에이티브 디렉터, 연세대학교 연구교수 등으로 일했다. 한·벨기에 수교 120주년 기념전 〈나를 헤매게 만드는 것들〉, 소제동 아트벨트 〈미래산책〉, 〈김녕만, 기억의 시작〉, 〈시간여행자의 시계〉 등을 비롯하여 국내외에서 140여 차례의 기획전을 실행했다.

누크 갤러리 조정란 · 정익재 부부의 아트 하우스

세상에서 제일 좋은 것, 자연과 아트

내게 맞는 단독 주택을 찾는 일은 어렵기도 하고 쉽기도 하다. 교통 · 학군 · 전망을 모두 충족하려면 도무지 답이 나오지 않지만, 가장 원하는 것 한 가지만 확실하다면 골치 아플 일이 없다. 평창동 언덕에 있는 80여 평 주택을 구매해 갤러리와 자택으로 사용하는 이 부부에게 가장 중요한 것은 풍경. 마음이 편안해지는 자연만 있다면 가파른 언덕도 개의치 않는다. 그런 배포와 확신으로 갖게 된 2층 아트 하우스로 초대한다.

조정란·정익재 부부의 집으로 가는 길은 가파르다. 평창동 오르막길에 있는 가나아트센터를 오른쪽에 두고 더, 좀 더 높이 올라가야 한다. 세상은 나름대로 공평해.다리가 힘들수록 눈은 행복하다. 하늘이 더 가깝게 보이고 공기도 더 맑게 느껴진다. 고급 주택가. 저마다 다른 얼굴을 한 집들은 각자의 정원으로 환했다. 이 부부의 집은 80여 평인데, 평창동에 있는 집치고는 작은 편에 속한다. 100평, 200평이 넘는 집도 많으니까. 갤러리와 자택을 겸하는 아트 하우스는 마당을 시원하게 비워 놓고 그 주변으로 건물을 올린 형태다. 건물 1층과 마당 한편에 따로 떨어져 있는 별채 두 곳을 전시장으로 활용한다.

메인 전시장 뒤쪽으로 가면 작은 복도가 나오고 그곳을 통해 들어가면 널찍한 주방이 자리한다. 마당 한쪽에 조성한 정원과 최대한 가깝게 식탁을 두어 의자에 앉으면 창문 너머로 초록 풍경이 기분 좋게 펼쳐진다. 작은 정원이지만 그곳이 보여 주는 풍경은 하나하나가 오롯이 완전한 세계다. "저 담장 밑에 구멍 보이지요? 저곳에 어느 날 새가 날아와 집을 짓더라고요. 그러더니 며칠 있다 알을 낳고 거기서 새끼 너덧 마리가 태어났어요. 그 새들이 커서 정원으로 내려와 아장아장 걸음마 연습을 하고요. 그런데 어느 날 우리 집에 왔다 갔다 하는 고양이가 그 애들을 몽땅 잡아 먹어 버리더라고요. 아기 새들이 귀엽고 신기해서 잘 보고 있었는데. 부화할 때를 기다렸다 잡아먹은 것 같기도 하고…. 안타깝지만 그것이 자연의 섭리인가 싶기도 하고요." 이어령 선생은 "행복한 집이란 이야기가 많은 집"이라고 했는데, 단독 주택에 살면 철마다 이런 이야기가 일정한 리듬을 지니고 반복해서 쌓인다.

'잎멍'이 일상인 집

이 집으로 이사 오기 전 부부는 삼청동에 살았다. 굽이굽이 좁은 길을 지나 한참을 올라가는 곳, 도로가 좁아 운전하기 힘든 곳이었는데 그 좁은 길을 조정란 대표는 택시 드라이버처럼 능숙하게 누비고 다녔다. 그때도 아래층을 갤러리로 꾸며 차로 이동하는 컬렉터를 생각해야 했지만, 주차하기 쉽고 전망 없는 곳보다는 주차하기 까다롭더라도 전망이 확 트이는 곳으로만 마음이 갔다. 삼청동에서 평창동으로 이사를 결심한 배경은 유학을 마치고 영국에서 돌아온 아들 때문. 함께 살고 싶다는 아들을 위해 방을 내줘야 하는데 1, 2층을 갤러리로 사용한 데다 3, 4층을 합가한 형님 내외와 사용하다 보니 여유 공간이 없었다. 미국 뉴욕주립대에서 교수로 재직 중인 남편이 커피를 마시며 이런저런 이야기를 들려주었다. "아마 서울에서 평당 단가가 가장 저렴한 곳 중 하나가 평창동일 거예요. 차 없으면 다니기 힘들지, 학군 약하지, 편의 시설 부족하지, 요즘 사람들이 중요시하는 건 다 없거나 약하니까 평당 단가가 싸지요. 문제는 죄다 큰 집이라는 건데, 저희가 운이 좋았어요. 우리에게는 충분한 크기인 데다 북한산, 북악산을 포함해 이웃이 정성 들여 가꾸는 정원과 텃밭까지 차경으로 볼 수 있으니 감사한 일이지요."

남다른 건축미도 이 집을 선뜻 낙점하게 된 이유다. 한옥의 기둥과 보, 마당 개념을 양옥에 접목해 단열과 방음, 내구성은 뛰어나면서도 자연을 향해 공간을 툭툭 열어 놓는 한옥 특유의 멋과 담대함을 그대로 가져오는 조남호 건축가의 솜

바깥에서 찍은 다이닝룸. 정원과 최대한 가깝게 공간을 내 '전망 좋은 방'을 넘어 마치 캠핑하러 온 듯한 느낌마저 준다.

1 집 안 곳곳에 그림 같은 풍경을 감상할 수 있게 창을 냈다.

2 1층 주방 풍경. 수납장과 찬장 안에는 디올의 식기 세트를 포함해 그간 모은 수집품이 가득 진열돼 있다.

씨. 이 집 역시 마당과 내부에 목제 기둥을 세우고, 철판으로 처마를 만들고, 마당과 면한 건물 바깥쪽으로 툇마루를 붙여 단단하면서도 운치 있는 공간을 완성했다. 개인적으로 눈길이 간 곳은 지붕의 선. 마당에 서서 고개를 뒤로 젖히면 사각 하늘이 올려다보이는데 한쪽 면의 선이 맞은편 선보다 비스듬히 높아 은근한 율동감이 느껴진다. 함께 마당으로 나온 정익재 교수는 간간이 휴대폰으로 찍은 하늘 풍경을 보여 주었는데, 그처럼 계속해서 사진을 찍게 하는 집이 예쁜 집, 행복한 집이 아닐까 싶었다.

건축가가 세세한 곳까지 마음을 쓴 디테일의 묘미는 2층 창문에서도 만날 수 있다. 공간을 많이 차지하며 활짝 열리는 형태가 아니라, 좁은 폭을 유지한 채 가로로 길게 이어지거나 ㄱ 자로 꺾이는 모습인데, 사람이 의자에 앉았을 때 가장 좋은 풍경을 볼 수 있는 쪽으로 높이와 형태를 조율해 어디에 앉아도 맞춤한 전망이 선물처럼 펼쳐진다. "거실 쪽 의자에 한번 앉아 보세요. 서 있을 때는 안 보이던 산세가 보이지요. 북한산이에요. 서 있을 때는 뒷집에 사는 분들이 가꾸는 텃밭이 보이는데, 의자에 앉으면 또 이렇게 다른 풍경이 나오지요. 안방에서도 마찬가지예요. 침대에 눕거나 의자에 앉으면 저 멀리 북악산 팔각정이 조그맣게 보여요. 요가를 하며 머리를 앞으로 숙일 때는 북악산이, 뒤로 젖힐 때는 북한산이 보이고요." 조정란 대표의 설명이다.

창문의 미학은 다른 곳에서도 계속된다. 남편의 집무실 책상 앞으로도 적당한 크기의 창문을 냈는데, 대추나무가 바로 앞까지 가지를 드리워 가을이면 창문을 열고 대추를 따 먹는다. 거실에 놓은 책상 뒤쪽 창문으로는 단풍나무가 보인다. 별처럼 생긴 단풍잎이 가로로 긴 창 가득 하늘하늘 일렁이는 풍경은 절로 '잎멍'을 부른다. 이번에도 정익재 교수가 휴대폰을 꺼내 봄·여름·가을·겨울에 각각 찍은 풍경을 보여 주었는데 봄과 여름은 녹색, 가을은 빨간색, 겨울은 흰색으로 풍경의 색과 서정이 확확 달라졌다. 집 안에 놓은 가구는 대부분 1910~1920년대 미국 빈티지 제품. 대량 생산 가구 대신 손맛과 공예적 느낌을 강조한 스티클리 제품이 특히 많다.

정익재 교수는 평소에도 집에 대한 생각을 많이 하는 듯했다. "미국에 있을 때도 단독 주택에 살았어요. 아예 집을 지어서 살았지요. '문고리는 어떤 걸로 할

1

2

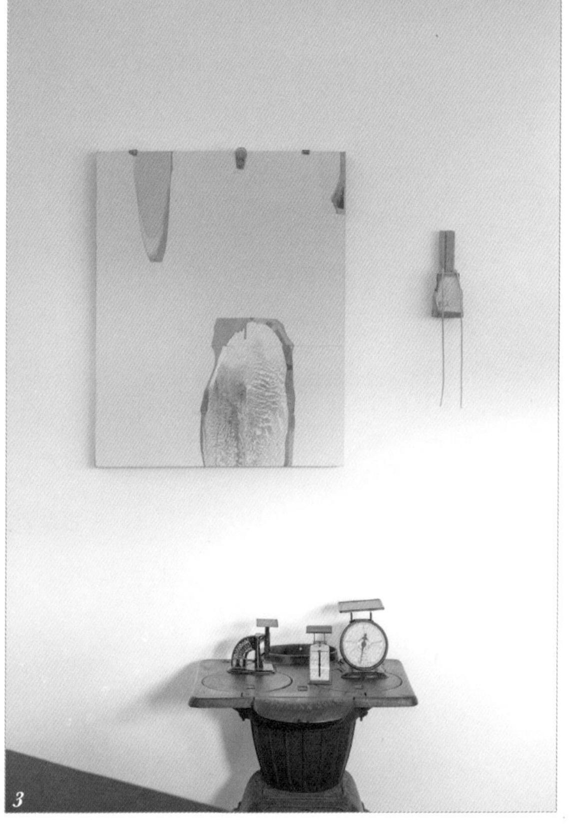
3

까요? 바닥재는 어떤 게 좋으세요?' 건축가가 끝없이 물어보는데 미치겠더라고요. 당연히 저희가 정해야 하는 건데 알아서 다 디자인해 주고, 옵션도 정해 주는 문화에 익숙해져 있다 보니 선택하고 생각하는 힘이 퇴화한 거예요. 집 짓는 재미와 뿌듯함, 하나하나 배우는 즐거움은 그러한 과정에 있는데 말이죠. 한국 레스토랑에 가면 유독 세트 메뉴가 많다고 생각하지 않으세요? 다른 것을 선택하려다가도 불편하기도 하고, 괜히 유난을 떠는 것 같아 그만두게 되지요. 빠르고 간편한 삶은 그렇듯 은연중에 가속도가 붙어요. 그러다 보면 어느새 사회 전체가 다양성과 포용력을 잃지요. 획일적이고 효율적이기만 한 사회는 재미가 없고 폭력적으로 될 확률이 높아요. 수신제가 치국평천하修身齊家 治國平天下라고 하잖아요. 몸과 마음을 닦아 수양하고 집안을 가지런하게 하며 나라를 다스리고 천하를 평정한다는 뜻인데 수신제가의 '제' 자를 눈여겨보세요. '통제'를 한자로 쓸 때의 제制 자가 아니고 가지런히 다스린다는 의미의 제齊 자예요. 생활을 자신의 결에 맞게 디자인한다는 의미죠. 집은 곧 내가 운영하는 작은 우주인데, 현대 사회에서는 내 마음대로 선택할 수 있는 것이 많지 않은 거죠."

살며 여행하며 알게 된 '행복이 가득한 집'의 비밀

2003년 미국에서 집을 짓고 살기 시작해 2013년 한국에 들어올 때까지 살고 여행하며 경험한 집은 이들에게 둥지의 의미와 가치를 나름의 기준과 신념으로 정리할 수 있도록 해 주었다. "달력 같은 것에 보면 스위스의 작은 오두막 같은

1 부부의 집에는 그간 한 점 한 점 구매한 작품과 일상 소품이 가득하다. 재봉틀부터 저울, 시계까지 지금 봐도 모던하고 아름다운 디자인이 많다.

2 금속 공예가 류연희 작가의 작품과 화가 정직성의 회화로 장식한 다이닝룸 벽면.

3 "우리 집에서 가장 비싼 작품이에요"라고 소개한 임충섭 작가의 작품.

한옥의 멋이자 낭만, 그리고 배포인 마당과 기둥, 툇마루를 양옥에 적용하는 것으로 유명한 조남호 건축가가 설계한 집. 나무 기둥을 바깥쪽에 세워 집이 한층 입체적으로 보인다. 마당에서 하늘을 올려다보며 휴대폰으로 사진을 찍는 것은 정익재 교수가 좋아하는 일상의 기쁨 중 하나다.

집이 나오잖아요. 그런 집은 한눈에도 아름답게 보이는데, 집주인이 시간을 두고 오랫동안 직접 가꾸어서 그래요. 스스로 계획을 세우고 선택하면서 작은 곳까지 그림이 채워지는 거죠. 처음에는 부엌과 침실, 화장실만 있는 간단한 집을 짓고, 아이가 태어나면 가장 따뜻하고 볕 잘 드는 곳에 아이 방을 만들어요. 살아 봤으니 빛이 좋은 공간을 아는 거죠. 아이가 크면 마당에 작은 농구대도 갖다 놓고 층계 밑이나 다락방을 포함해 이런저런 공간을 계속 더하지요. 그러면서 자연스럽게 생활이 보이는 집, 아름다운 집, 행복이 가득한 집이 되는 거예요."

손과 마음 가는 대로 바꾸고, 누리는 생활에서 가장 큰 비중을 차지하는 것은 역시 그림이다. 정직성 화가의 꽃 그림을 단풍나무가 보이는 창가 옆에 걸었다. 서용선 화가의 인왕산 그림이 안방에 걸려 있고, 거실 소파 뒤편으로는 김지원 작가의 맨드라미 그림이 강렬한 기운을 자아낸다. 임충섭 작가의 작품은 언제 봐도 세련된 아방가르드함을 보여 준다. 소시민의 일상을 보여 주는 노충현 작가의 작품은 흐릿하고 잔잔해서 더 깊은 잔상을 남긴다. 그러고 보니 이 집에 있는 작품 중엔 유독 자연과 자연 속 사람을 그린 것이 많다. 작품과 한 공간에 놓이며 더 큰 '그림'을 만들어 내는 것은 그간 수집한 물건들. 디올에서 만든 테이블 웨어부터 휴대용 향수병, 20세기 초반에 만든 각양각색의 저울까지 오래된 이야기의 제품이 구석구석 가득하다.

누크 갤러리

서울특별시 종로구 평창34길 8-3 | 02-732-7241 | blog.naver.com/nookgallery

조정란 · 정익재

조정란은 그래픽 디자인과 순수 미술을 공부하고 오랫동안 컬렉터로도 생활해 사진부터 설치, 공예와 현대 미술까지 다양한 분야를 다루고 있다. 2013년에 삼청동에 누크 갤러리를 개관하여 30여 회의 전시를 열었고, 2018년 평창동으로 자리를 옮겨 현대 미술의 다양한 전시 문화를 열어 가고 있다. 정익재는 고려대학교에서 정치외교학을 전공한 뒤 뉴욕주립대에서 행정학 석사와 박사 학위를 취득했다. 서울과학기술대학교와 뉴욕주립대에서 교수로 재직 중이다.

갤러리 ERD 이민주 대표의 보물로 채운 집

오직 아름다운 것만이 흔적을 남긴다

남다른 심미안으로 갤러리 ERD와 '하우스 오브 핀 율'을 운영하는 이민주 대표는 그저 아름다운 것, 그것만으로 제 쓸모를 다하는 것을 찾는다. 그가 아끼는 것으로 채우고 덜어 낸 집에는 공허한 관조가 아닌, 오랜 경험의 미덕이 깔려 있다.

집에 대해 그리는 상像은 저마다 다르다. 고로 집과 사람은 필연적으로 닮을 수밖에 없다. 집은 집주인을 따라간다는 말은 사실 새로울 게 없다. 하지만 같은 말도 발화자에 따라 다르게 들리듯이, 이 진부한 명제가 생명력을 지니도록 만드는 집도 분명히 있다. 그런 공간이야말로 '살아 있다'고 느낀다. 갤러리 ERD 이민주 대표가 남편, 두 아이와 함께 사는 한남동 집에서는 그에게서 느껴지던 유연하고 여유로운 기운이 감돈다. 결코 과시하지 않지만 그 자체로 존재감을 발휘하는 작품, 오랜 시간 살과 맞닿으며 그을린 가구, 지난밤 한잔 마시고 남은 위스키 한 병, 벽에 미처 걸어 놓지 못한 채 바닥에 기대어 놓은 작품. 꾸밈없으나 꾸민 것보다 더 멋스럽다. 이민주 대표가 경험한 기억, 그리고 분주한 일상의 흔적이 묻어나는 집이다.

집에는 그림이 먼저다

한강 전경이 속 시원하게 내다보이는 거실. 한강 뷰를 목적으로 설계한 아파트의 의도와는 달리 이 집의 인상을 결정하는 것은 거실 벽면을 넓게 차지하는, 영국 현대 미술을 대표하는 작가 길버트 앤드 조지의 작품이다. "제가 갤러리에서 일했을 때부터 가장 소장하고 싶던 작가의 작품이에요. 보통 강렬한 이미지나 대형 사이즈의 작품을 집에 걸기 꺼리는데, 저는 오히려 이렇게 큰 작품을 추천해요. 공간에 확장성이 더해져 더 넓고 세련되어 보이거든요."

이민주 대표가 집에 작품과 가구를 배치할 때 가장 우선하는 것은 그림이다. 그다음이 가구와 조명, 마지막이 TV. 아파트살이는 TV 자리부터 잡고 보는 줄 알았건만 순서가 정반대였다. "저는 가장 먼저 그림부터 큰 벽에 자리를 잡고 소파를 배치해요. 창문 정면에 소파를 놓은 건 전망 때문이라기보다 거실과 분리되는 복도를 만들기 위해서였어요." 물론 TV를 시청하기 원하는 가족들과 타협도 필요했다. 해답은 거실 코너에 사선으로 TV를 두는 것. "제가 좋아하는 그린 컬러의 USM 장 위에 올려 두었어요. 어쨌거나 TV에 벽을 내줄 수는 없었죠." TV는 전용선이 있는 곳에 꼭 설치해야 한다는 고정 관념에서 벗어나니 과연 전형적인 아파트 모습과는 확연히 다르다.

적재적소에 믹스 매치한 작품과 가구는 따로 떼어 봐도, 함께 놓고 봐도 감탄을 자아낸다. 길버트 앤드 조지 작품을 기준으로 오른쪽엔 네덜란드 디자이너 피트 헤인 에이크의 모던한 알루미늄 캐비닛과 현대 미술 작가 에르빈 부름의 오이 조각품이 나란히 있고, 왼쪽에는 미국 화가 앨릭스 카츠의 작품과 그가 가장 좋아하는 디자이너로 꼽는 포울 키에르홀름의 PK9 의자가 그 아래에 놓여 있다. 그중에서도 PK9은 각별하다. "정말 오랫동안 사고 싶던 의자를 갖게 되어 제일 행복한 기억으로 남아 있어요. 좌판이 천연 가죽이라서 때가 많이 탔지만 말이에요."

가구는 오래 쓰는 디자인이 먼저다

보통 가구를 살 때 오염을 염려해 피하는 소재가 천연 가죽이다. 하지만 그의 집에는 천연 가죽으로 만든 의자가 유난히 많다. 깨끗하게 관리할 수 있는 자신감에서가 아니라, 오히려 가죽에는 사용한 흔적이 잘 묻어나기에 좋아한다. 이

1 한강 전경이 시원하게 내다보이는 거실. 거실의 가장 큰 벽면을 할애한 길버트 앤드 조지의 작품은 하나처럼 보이지만 사실 열두 개의 피스로 구성되어 이동하거나 설치하기도 쉽다.

2 거실에서 안방으로 들어가는 통로 벽면에는 책장을 놓아 공간 활용도를 높였다. 벽에 기대어 놓은 작품은 피트 헤인 에이크의 거울을 닫아 둔 것. 앨릭스 카츠의 작품에서 PK9 의자로 연결되는 옅은 미색 톤이 조화롭다.

게 가죽의 가장 큰 매력이자 단점이다. 거실에 배치한 스웨덴 브랜드 셸레모의 암체어, 그리고 주방에 있는 핀 율의 48 체어 역시 좌판이 천연 가죽으로 되어 있다. "처음에는 48 체어를 두고서도 쉽게 오염될까 봐 6개월간 식탁에서 밥을 안 먹었어요. 그러다가 어느 정도 가죽이 태닝 되었겠다 싶어 사용했는데 바로 난리가 나더군요. 이제는 아이가 뭐를 묻히더라도 이게 세월의 흔적이고, 가족의 추억이겠거니 하고 위로를 삼아요."

조바심 내며 쓸 바에야 조금 더러워지더라도 마음껏 쓰겠노라는 여유로운 배포가 느껴진다. 그는 새 보금자리로 이사한다고 해서 거창하게 인테리어 공사를 하거나 쓰던 가구를 교체하지 않았다. 집 안을 채우는 작품과 가구는 그가 십수 년 전부터 큐레이터로 일하면서 모으고 신혼 때 마련한 것이 대부분이다. "어떤 디자이너가 젊은 사람들에게 디자인 가구를 추천해 줄 때 이런 말을 했어요. 마음에 드는 의자가 없으면 그냥 사고 싶은 의자가 생길 때까지 바닥에 앉아서 생활하면 된다고. 그 말처럼 하나씩 천천히 모아 온 것이 이렇게 되었네요." 나무 격자 프레임의 문으로 이어지는 주방 공간은 더욱 아늑한 분위기다. 핀 율의 뉘하운 테이블이 중앙에 자리하고, 리딩 체어와 48 체어, 그리고 일본 작가 오타니 워크숍의 작품이 맞이한다. "2020년 코로나19가 발생하기 바로 직전에 다녀온 대만 아트 페어에서 구입한 작품이에요. 언젠가 벽에 걸어 놓고 싶은 작가의 작품이었는데, 우연히 만나게 된 거죠." 그가 집에서 가장 많은 시간을 보내는 곳은 바로 주방이다. "저는 삼시 세끼 요리를 해요. 코로나19가 발생하고 아이들이 집에 있었잖아요." 하루에 한 끼를 차리는 삶과 세끼를 준비하는 삶은 완전히 달랐다. 주방에 자주

1 핀 율의 뉘하운 테이블은 양쪽 면을 펼치면 최대 열 명까지도 앉을 수 있다. 이전에 사무용 책상으로 쓰던 것을 이사하면서 다이닝 테이블로 용도를 바꿨다.

2 거실에서 바라본 주방 전경. 알바 알토의 A810 플로어 조명등은 조명 두 개를 개별적으로 켜고 꺼서 조도를 조절할 수 있다.

1

2

1 결혼하면서 장만한 플렉스폼 데이베드는 가족 모두가 오랫동안 쓰면서 자연스레 빛이 바랬는데, 오히려 공간에 길들어 더욱 포근한 느낌을 자아낸다. 데이베드 앞에는 사이드 테이블용으로 단정한 나무 소반을 두었다.

2 주방의 선반장은 찰스 앤드 레이 임스의 디자인이다. 자주 꺼내 보는 책과 가족사진을 진열하고, 보이지 않는 수납장에는 즐겨 마시는 위스키를 보관한다.

3 제니 홀저의 드로잉과 앨릭스 카츠의 조각품, 원혜경 작가의 유리 오브제가 한 앵글 안에 담겼다.

머무르며 요리하다 보니 오히려 더 깨끗해지더란다. 그에게는 수고롭지만 그 덕분인지 가족과의 생생한 추억이 구석구석 새겨진다. 마치 천연 가죽에 생긴 자국처럼 지난 세월이 고스란히 배어 있는 집. "가족 구성원 누구나 내 집이라고 느껴야 한다고 생각해요." 그런 시간의 멋을 머금은 집에는 행복이 새어 나오기 마련이다.

갤러리스트는 관심이 먼저다

중문학을 전공한 이민주 대표는 일찍이 아트의 매력에 눈떴고, 졸업과 동시에 갤러리에서 경력을 쌓았다. "조금 이를 수는 있지만, 내가 직접 갤러리를 열어야 40대에는 안정적으로 운영할 수 있지 않을까 생각해서 2016년에 갤러리 ERD를 열었습니다." ERD는 Exhibition of Art and Design의 약자다. 아트와 디자인 전시. 이보다 명쾌한 이름이 있을 수 없다. 순수 미술과 디자인의 경계가 점차 허물어지고 있는 흐름을 반영해 순수 미술과 디자인 사이의 허물 없는 전시를 펼친다. '하우스 오브 핀 율'은 의도치 않게 일이 커진 경우다. "핀 율 가구가 작품과 워낙 잘 어울려서 처음에는 갤러리에 놓을 핀 율 가구를 알아보는 것에서 시작했어요. 마침 바로 옆 건물에 자리가 났고, 작품과 어우러지는 하우스 오브 핀 율 쇼룸을 마련할 수 있었지요."

그런가 하면 2020년에는 부산 해운대에 갤러리 ERD 부산점을 열었다. "부산점은 온전히 대림맨션이라는 공간 하나만 보고 결정했어요." 1970년대 지은 오래된 맨션 건물을 우연히 알게 되었고, 당시 주거 형태나 사용한 자재가 고스란히 남아 있는 이 건물에 매력을 느꼈다. "건물의 낡은 외관과 상반된 화이트 큐브 공간이 만나면 굉장한 반전이 있겠다고 생각했어요. 예상과는 달리 뻔하지 않은 갤러리를 만났을 때의 극적 효과랄까요." 서울과 부산 갤러리에서는 동시에 같은 작가의 전시를 하기도, 다른 전시를 펼치기도 한다.

언젠가는 핀란드 조명 디자이너 파보 티넬의 조명등 전시를 꼭 열어 보고 싶다. "5년 전쯤 핀란드를 방문했을 때 모더니즘에 대한 전시를 보았어요. 그 나라의 모더니즘의 시작과 끝에는 알바 알토가 있었는데, 그 사이에 존재감을 보인 동시대 조명 디자이너인 파보 티넬이 눈에 띄었지요." 모빌처럼 잔잔하게 흔들리는

1 쿠션, 카펫 등으로 색감이 화사한 침실. 이민주 대표가 가장 좋아하는 디자이너 포울 키에르홀름의 PK 소파와 조명 디자이너 파보 티넬의 플로어 조명등이 자리한다.

2 다양한 핀 율 가구를 직접 볼 수 있는 하우스 오브 핀 율 쇼룸.

파보 티넬의 우아한 샹들리에를 보며 한눈에 반했다. 옥션부터 벼룩 시장까지 수소문해서 구하려고 했지만, 유럽과 미국의 부호 컬렉터들이 싹 쓸어 갔을 정도로 찾기가 어려웠고, 설사 찾았다고 해도 상상 이상의 고가였다. "결국 샹들리에는 구입하지 못했지만, 대신 빈티지 플로어 조명등을 사서 침실에 두었어요." 그 어느 때보다 눈을 반짝이며 들뜬 목소리로 이야기하는 이민주 대표. 그에게 힘들어도 이 일을 계속하는 이유를 물었다. "저도 잘 모르겠어요. 뭐라 설명할 수는 없지만, 계속할 수밖에 없는 끌림이 있어요. 내 삶에 예술이 빠져 버리면 의미도 즐거움도 사라질 것 같아요. 쉽게 말해 작품이 하나도 없는 집에서 살 수 있을까…. 아마 정말 견디기 힘들 거예요." 그에게 예술이란 참을 수 없는 존재의 즐거움, 그 자체다.

이민주

갤러리스트이자 컬렉터. 아트사이드 갤러리와 리안 갤러리에서 갤러리스트로 활동했고 갤러리 ERD 대표로 현대 미술과 역량 있는 국내외 디자이너들의 작품을 소개해 오고 있다. 북유럽의 가구 거장 핀 율의 작품을 전시하는 공간인 '하우스 오브 핀 율'을 아시아 최초로 오픈하고 운영하면서 아트와 리빙의 컬래버레이션으로 갤러리의 새로운 방향을 전개하고 있다.

Chapter 5

자연과 어우러지는 집

조경가 정영선의 양평 집

이 땅의 터 무늬를 가꾸는 사람

서울대 환경대학원 1호 졸업생(1975년), 최초의 여성 기술사(국토개발기술사 1호, 1980년), 한국 주요 공공시설 조경의 역사를 쓴 산증인…. 이런 번쩍이는 수식보다 그이에겐 '땅 위의 시인'이 더 어울린다. 땅과 풀과 나무와 사람과 시와 그림을 생각하는 시인. 경치는 일부러 만드는 것이 아니라는 생각에 '조경造景'이란 말을 좋아하지 않는 할머니 조경가. 5월 풀빛이 눈부신 날, 그이의 양평 집에 찾아갔다.

당나라 시인 두보는 〈춘망〉에서 "나라는 망했어도 산하는 그대로 남아 있어 / 성안에 봄이 오니 초목이 무성하다"라고 노래했다. 고려 충신 길재는 무너진 도읍을 돌아보며 "산천은 의구하되 인걸은 간데없다"라고 읊었다. 서두에 오래된 두 편의 시구를 인용하는 까닭은 새삼 옛 시인들의 충절을 새기기 위함이 아니다. 우리나라 1세대 조경가로 불리는 이를 만나러 가면서 이 두 편의 시가 머릿속에 맴돌았다. 눈치 빠른 독자라면 알아챘겠지만 우리 시대에도 '산천 의구'라는 말이 가능한지 묻고 싶었기 때문이다. 이제 "나라는 흥해도 산하는 사라진다"라거나, "인걸은 그대로인데 산천은 간데없다"라고 노래해야 하지 않을까?

조경가 정영선. 1941년 경북 경산에서 태어났다. 서울대학교 조경학과를 졸업하고, 청주대학교 조경학과 교수를 역임했다. 예술의전당, 88올림픽공원, 86아시안게임기념공원(아시아공원), 인천국제공항, 아시아선수촌아파트, 올림픽선수촌

조경설계 서안에서 같이 일하다 유학 가서 건축을 전공한 이가 이 집을 지어 주었다. 당시 투병 중이던 남편을 위해 세심히 지은 집인데, 정작 남편은 이 집에서 지내지 못했다. 현역에서 열심히 일하는 정영선 씨의 흔적으로 빼곡한 공간이다.

아파트, 여의도샛강생태공원, 선유도공원, 서울식물원 등 주요 공공시설의 조경을 맡아했다. '조경설계 서안'을 설립해 호암미술관 희원, 아모레퍼시픽 사옥 등 수많은 기업의 조경 프로젝트를 수행해 왔다. 지금도 한 달에 보름가량 현장을 살피러 다닌다는 여든 넘은 현역의 생애 나이테에는 우리나라 조경의 역사가 고스란히 담겨 있다고 한다.

그이의 뜰에서

경기도 양평, 그이가 살고 있는 자택으로 향했다. 남도에서 올라온 이팝나무가 희디흰 고봉밥을 퍼 올리고 있었다. 사립문 없는 집에서 나온 그이가 반겨 주었다. 집을 에워싼 들꽃 정원으로 이끌었다. 정원 입구에는 밤에 내린 별이 미처 하늘로 돌아가지 못한 듯 작은 꽃들이 반짝였다.

"미나리아재비꽃이에요. 옛날에는 흔한 꽃이었는데 환경 오염으로 귀해졌어요. 노란 꽃잎 때문에 영어권에서는 '버터 컵'이라고 불러요. 《빨강머리 앤》에도 등장하지요."

노루오줌, 큰산꼬리풀, 오이풀, 참조팝나무, 미스킴라일락, 꽃댕강나무… 꽃나무 이름을 일러 주는 그이를 따라 정원을 다 돌았다. 남 보기엔 꽃 대궐이지만 그이에겐 손톱에 흙 때 빠질 날 없는 노동의 공간이라고 했다. 새벽에 두 시간씩 풀을 뽑고, 물을 주고, 옮겨 심고, 쓰다듬는다. 예전엔 품을 사기도 했는데, 일꾼이 잡초와 야생화를 구분하지 못해 스스로 감당할 수밖에 없다고 한다. 이곳에서 키우는 꽃은 화훼 시장에서 구할 수 없을 때 현장에 공급한다.

"우리나라의 많은 공원이 외래종 나무와 꽃으로 조성되었는데, 선생님께선 어떻게 자생종에 관심을 두게 되었나요?" "1986년 아시안게임을 앞두었을 때였어요. 잠실에 있는 86아시안게임기념공원과 아시아선수촌아파트 조경을 맡게 됐죠. 어떻게 하면 한국의 산과 도시를 자연스럽게 연결하는 정원을 만들 수 있을까 고민했어요. 화려한 외래종 꽃보다 우리 정원에는 역시 우리 꽃이 어울린다고 생각했죠."

그이는 우리나라에서 처음으로 아파트 주차장을 지하로 밀어 넣었다. 지상에 확보한 녹지에는 자생 식물을 심었다. 시민의 건강도 좋지만 나무가 반들거리도록 등치기와 배치기를 하는 정원 이상의 장소를 만들고 싶었다. "하이데거, 칸트, 헤세가 거닐던 숲을 생각했어요. 미래의 철학자, 예술가가 태어날 수 있는 산책로를 만들고 싶었죠." 그렇게 설계한 숲길은 '사색의 정원'이 되었다.

정원은 울 곳, 살 곳, 푸르게 늙어 갈 곳

나는 그이가 만든 정원 가운데 인상적인 몇 곳을 더 방문했다. 물론 발이 아니라 귀를 쫑긋 세워서 말씀의 정원에 바짝 다가갔다. 1989년에 개원한 아산병원의 조경도 그이가 설계했다고 한다.

"정몽준 회장이 조경 도면을 보여 주었는데 장소의 특수성이 담겨 있지 않았어요. 나는 환자와 보호자, 그리고 의사와 간호사가 '울 곳'을 마련해 주고 싶었어요. 서로가 숨을 수 있는 좁은 숲 공간을 만들었지요."

나는 이명수 시인의 〈울기 좋은 곳을 안다〉라는 시가 떠올랐다. "울 만한 곳이 없어 울어 보지 못한 적이 있나 / 울음도 나이테처럼 포개져 몸의 결이 되지 / 달빛 젖은 몸이 목숨을 빨아 당겨 / 관능으로 가득 부풀어 오르면 / 그녀는 감춰 둔 울음의 성지를 순례하지." 시의 일부를 읽어 주자 그이는 깜짝 놀라 "어쩌면!" 하고 외쳤다. 서로 얼굴을 본 적 없는 시인과 조경가가 같은 곳에 도달해 있었다.

'울음의 정원'을 지나자 나를 여의도샛강생태공원으로 데려갔다. 내가 좋아하는 장소다.

"1997년이었어요. 어느 날 한강 관리소장이 도면 하나를 보여 줬어요. 버드나무와 물억새가 우거진 샛강을 메워 주차장과 체육 시설을 만든다는 겁니다. 나는 흥분해서 소리쳤어요. 샛강은 그대로 두어야 한다고. 한강의 둑은 모두 인공 구조물로 되어 있었고, 샛강이 유일한 자연 하천이었어요." 그이는 김수영 시인의 시 〈풀〉을 낭송해 주며 설득했단다. 소장은 홍수를 걱정했다. 그이는 캐나다의 생태학자를 초청해서 자연 하천이 유속에 장애가 되지 않는다는 강연을 하게 했다. 샛강 근처의 아파트 주민들도 설득했다. 하여 버드나무 우거진 샛강은 물고기와 새를 품었다. 주민이 좋아하는 산책로가 되었고, 아파트의 가치도 높여 주었다. 그이는 그렇게 우리나라에서 처음으로 '생태 공원'을 탄생시켰다. 그이는 나를 선유도공원으로 데려갔다.

"용도가 사라진 정수장을 공원으로 조성하게 됐어요. 모두 낡은 정수 시설

1 아침이면 꼭 이 자리에 앉아 차 한 잔과 함께 정원을 바라본다.

2 18℃의 물이 나올 때까지 땅속 깊이 파서 퍼 올린 지하수를 난방에 이용한다. 게다가 햇빛을 스펀지처럼 빨아들이는 천창도 있고, 단열까지 제대로 챙겼으니 양평 산중인데도 추울 까닭이란 없다.

3 집 뒤로는 전통 정원처럼 기단을 만들고 계단식으로 식물을 심었다.

경치는 일부러 만드는 것이 아니라는 생각이 오롯이 담긴 온실.

을 없앨 것으로 생각했지만, 나는 다른 생각을 했어요. 선유도가 마치 겸재 정선이 한강 변의 진경산수를 그리려고 타고 가던 돛단배 모습으로 보였어요. 낡은 건축물을 고스란히 보존하면서 공원을 완성했지요."

선유도는 환경 학습과 문화 예술 공간을 보유한 생태 공원으로 탈바꿈했다. 선유도공원은 그이에게 세계조경가협회상, 김수근문화상, 한국건축가협회상 등을 안겨 주었다. 그리고 그 모든 상보다 귀중한 전화를 한 통 받았다. 한강에 몸을 던지려고 그곳을 찾은 여인이 공원을 보고 마음을 고쳐먹었다고 말했다. 수화기를 사이에 두고 함께 울었단다.

땅에 쓰는 시

그이는 어떻게 조경가의 길로 접어든 것일까?

"어린 시절 살던 집이 할아버지가 사과 과수원을 하시던 야트막한 산언덕에 있었어요. 여기저기 집채만 한 바위가 일곱 개 있어서 칠암 과수원이라고도 불렀지요. 이때의 기억이 남아서 바위는 나중에 조경할 때 중요한 소재가 되었어요. 아버지는 백합이며 금잔화며 당시에는 귀한 꽃을 사다가 심고 가꾸셨어요. 계성중학교 국어 선생님으로 계시던 아버지는 수필가로 활동하기도 했어요. 중학교를 입학할 때 선물로 제게 《당시》와 《소월 시집》을 사다 주기도 했고요. 저는 문학소녀로 자랐어요. 여기저기 백일장에 나가 상을 타곤 했지요."

사람들은 장차 시인이 될 거라고 말했다. 그러나 그이의 진로가 문학이 아니라 조경으로 바뀐 것은 아버지가 사 온 달력 때문이었다. 어느 제약 회사에서 펴낸 그 달력에는 전나무 숲과 푸른 호수가 그림처럼 펼쳐진 스위스 풍경 사진이 실려 있었다. 그이는 '우리나라 민둥산을 스위스 산처럼 가꿔야겠어!' 하고 다짐했단다. 문학소녀는 진로를 바꿔 서울대 농학과로 진학했다. 졸업 후 잡지사 기자로 활동하던 그이는 환경대학원에 조경학과가 개설되자 과정을 밟고 조경계의 '맏언니'가 되었다.

"선생님이 생각하는 우리 조경 미학은 어떤 것입니까?"

"《삼국사기》 〈백제본기 온조왕조〉편에 '검이불루 화이불치儉而不陋 華而不侈'라는 말이 나와요. 새로 궁궐을 지었는데, '검소하지만 누추하지 않고, 화려하지만

정원에는 한국 토종 풀꽃이 많다. 정영선 씨는 이 뜰을 '실험하는 곳'이라 했다.

사치스럽지 않았다'는 뜻입니다. 이것이야말로 가장 한국적인 아름다움의 표현이라고 생각해요. 우리나라는 통째로 '산으로 된 정원'입니다. '산 너머 산'으로 되어 있어요. 요즘엔 '산 너머 아파트'가 나타납니다. 제발 아파트 공화국을 그만 세웠으면 합니다. 국토는 아득한 옛날부터 있어 온 겁니다. 함부로 뭉개지 말고, 산과 강과 바다의 특징을 살려 도시와 마을을 가꾸어야 합니다."

현대 문명 속 우리는 날마다 장소 상실의 시대를 살아가고 있다. 어느 날 갑자기 산이 깎여 나가고, 바다가 메워진다. 오래된 마을이 사라지고, 낯선 도시가 생겨난다. 역사와 추억이 깃든 터의 무늬가 하루아침에 사라져 버리기도 하는 터무니없는 시대를 살아가고 있다. 일제 강점기에 태어나 한국 전쟁을 거치고, 개발 지상주의의 기치가 드높던 시대를 관통해 온 1세대 조경가인 정영선 씨가 오롯이 한국적인 터의 무늬를 가꿔 왔다는 사실이 놀랍다. 그이가 보여 준 사색과 울음과 생태 정원은 그 자체로 대지에 쓴 시詩다.

정영선

서울대 조경대학원 1호 졸업생(1975년)이자 1980년에 한국 1호 국토개발기술사 자격증을 획득한 최초의 여성 기술사다. 86아시안게임기념공원과 아시아선수촌아파트, 예술의전당부터 선유도공원, 인천국제공항, 용산 국립중앙박물관, 서울식물원에 이르기까지 여러 프로젝트를 주관하며 조경의 개념이 국내에서 자리 잡기 시작하던 시절부터 현재까지 한국의 현대 조경의 역사를 써 내려갔다.

건축가 최욱·설치 미술가 지니 서 부부의 부암동 집

오두막 두 채로 찍은 화룡점정

이 부부의 라이프스타일이 멋진 이유는 집이 부암동 산자락에 있어 운전해 오르내리기도, 마트에 가기도 불편하지만 그런 것을 별것 아닌 일로 치부해 버리는 담대함 때문이다. 대문 안으로 비치는 자연과 지형에 끌려 최욱 대표는 집을 본 다음 날 바로 매매 계약서를 썼다. 집값은 1원도 깎지 않았다. 배짱이 있어야 자기다운 삶도 살 수 있는 법.

건축가 최욱의 집은 부암동 산자락에 있다. 좁고 가파른 골목길을 몇 번이나 꺾어 들어가며 올라야 한다. 사륜구동 시스템을 장착한 자동차 브랜드가 기자들을 초청해 선보이는 시승 코스보다도 더 험난한 길. 운전 실력이 변변치 않은 이라면 맞은편에서 차가 내려올까 봐 가슴이 콩닥거릴 것이다.

그렇게 도착한 집은 한마디로 '우와!'다. 산자락 한편이 고스란히 나의 정원과 숲이 되는 풍경. 산언덕 곳곳에는 벚나무, 물박달나무, 계수나무, 소나무가 가득하고 계절마다 산수유와 진달래, 작약이 피고 진다. 그 너른 자연의 품에 크고 작은 건축물 네 채가 들어서 있다. 한 채는 침실과 주방, 욕실을 중심으로 한 공간이고, 다른 한 채는 서양화가이자 설치 미술가이며 최욱 대표의 아내인 지니 서의 작업실이다. 하이라이트는 나머지 두 채. 건축가 르코르뷔지에가 노년에 살던 네 평 크기의 오두막보다도 작은 공간으로 한 곳은 지니 서를 위한 '명상의 방'이고,

최욱 대표가 아내에게 만들어 준 명상의 방.

다른 한 곳은 최욱 대표의 '사랑방'이다.

지니 서가 남편에게 선물로 받은 명상의 방은 철판과 나무로 마감한 삼각형 집. 내부에는 그녀가 디자인한 책상 한 개만 놓았을 뿐 다른 집기는 일절 두지 않았다. "작품 스케치를 하거나 책을 읽고 싶을 때 이곳에 올라오는데, 내려갈 때는 가져온 물건을 다 가지고 가요. 비웠을 때 더 아름다운 집이거든요. 높은 곳에 자리해 해가 뜨고 질 때도 정말 예뻐요." 현대카드 디자인 라이브러리, 학고재 갤러리와 두가헌, 백남준기념관 등을 통해 극강의 미감을 보여 준 최욱 대표 역시 자신의 사랑방을 가장 좋아하는 공간으로 꼽았다. "한국에는 정자亭子 문화가 있잖아요. 색다른 시간과 풍경이 흐르는. 이곳이 제겐 정자 같은 곳이에요." 정자에 대한 짧은 강의도 이어졌다. "중국은 정자를 정원 안에 뒀고, 일본은 은밀한 곳에 두어 폐쇄적 느낌이 강한데, 한국은 경치 좋은 곳에 툭툭 놓았어요. 조선 왕실에서는 왕세자를 교육하기 위한 장소를 따로 두었는데, 정자처럼 규모가 작아요. 대신 기세 좋은 드넓은 자연이 펼쳐지지요. 삶은 검소하되 야망은 크게 지니라는 교육이었어요. 한국의 건축은 기술이라기보다 철학에 가까워요."

인색하지 않은 쾌남, 선택과 집중에 강한 파트너

이 집을 최욱 대표는 "느낌이 와" 매입했다. 대문 안쪽으로 비치는 자연과 높낮이가 있는 지세에 마음을 빼앗겨 집을 본 다음 날 바로 계약했다. 집값은 흥정하지 않았다. 집으로 오르는 길이 험난하니 잘만 하면 몇천만 원은 깎을 수 있었을 텐데, 내 일처럼 아쉬워하는 눈빛을 보고 지니 서가 말했다. "남편은 뭘 살 때 가격을 안 깎아요." 이 집에 오기 전 그와 함께 일하는 몇몇 지인을 통해 '탐문 수사'를 했는데 많이 들은 말이 "인색하지 않다"였다. 그가 발행하는 건축 잡지 《도무스》의 원고료는 업계에서 가장 높은 수준이다. 미감美感의 기초는 미감味感, 맛있는 걸 잘 먹고 살아야 좋은 건축도 나온다고 생각해 몇 해 전에는 한식당 지화자에 있던 셰프를 영입해 직원 식당 '또'를 오픈했다.

집을 구경하는 시간은 마을 순례와 비슷했다. 딸기와 커피로 우리를 환대한 최욱 대표는 현관을 나서며 신발 끈을 매고 앞장섰다. 돌계단을 오르고, 나무숲을 지나며 하는 집 구경이라니. 암반수가 똑똑 떨어지는 사각 우물 옆에 만든

막혀 있는 천장을 뜯어내고 철제 빔과 목구조로 입체적 미감을
만들어 낸 다이닝 공간.

와인 저장고, 상부를 삼각형으로 높게 처리하고 안팎을 철판과 나무로 마감한 명상의 방, 산 중턱에 자리 잡은 가로 3.3미터, 세로 4.7미터의 사랑방 모두 인왕산을 뒤에 두고 북한산과 북악산, 남산을 굽어보는 구도를 취하고 있다. 그리고 어디를 가나 책, 책, 책. 안락함은 아름다움과 책에서 온다고 믿는 이의 공간 같았다.

지니 서는 이 집의 훌륭한 건축주 역할을 했다. "각각의 공간은 하나의 목적에만 충실하면 좋겠다고 이야기했어요. 주방과 욕실은 전망이 좋아야 한다, 침실은 잠자는 목적에 충실한 공간이어야 한다, 천창이 있으면 좋겠다며 가장 중요한 것을 알려 줬지요."

일상과 단절된 풍경을 만난다는 것의 의미

건축가에게 집은 건축에 관한 생각을 구현한 실증이자, 설계의 확신을 갖게 하는 기점이 된다. 최욱 대표는 이 집에서 한국 건축의 멋을 다시금 확인한다. "다른 나라의 공간은 벽이 중심이에요. 일본만 해도 벽을 중심으로 공간 안에 또 다른 공간이 있는 겹집이 많지요. 한국 건축은 벽이 최소화된 구조예요. 문을 열면 바로 자연이죠. 한옥은 마당이 중심인데, 마당에 빛이 떨어지면 시선이 자연스럽게 그쪽으로 가고, 몸도 그리로 움직이게 되지요. 그렇게 계절을 느껴요. 통도사처럼 오래전에 지은 건축물을 보면 대단히 아름다워요. 특히 기단이 그래요. 건물의 기초가 되는 것이니 일본이나 중국도 다 만들었겠지만, 한국은 그저 다지는 것이 아니라 디자인을 해요. 지

1

2

3

형에 맞게 높낮이도 조절하고, 때에 따라 선도 삐딱하게 처리하지요. 그렇게 만든 기단은 그 위를 걷는 사람들의 움직임을 입체적이고 아름답게 만들어요. 지극히 자연스러우면서도 극적인 모습으로요. 한국 건축에는 그런 여유와 깊이, 멋이 있어요."

그 멋과 담대함은 내가 거주하는 공간을 작게 만드는 것으로도 누릴 수 있다. 집이 작아지면 자연에 더 많은 공간을 내 주거나 한 뼘 정원을 만들 수 있고, 그곳에서 보내는 시간은 편안하고 느긋한 일상을 선물한다. 이 개념의 끝에 그가 새로 시작하는 모듈 하우스가 있다. 프로젝트의 핵심 구조물은 가로세로 2.3미터의 정사각형 모듈. 어떻게 배치하느냐에 따라 이층집도, 가로로 긴 집도 된다. 필요에 따라 주방이나 침실 모듈을 추가하며 공간을 넓힐 수 있다.

이 프로젝트에 관한 이야기를 처음 들었을 때 나는 최욱 대표가 과연 비용을 절감하기 위해 그의 상징과도 같은 품질과 미감, 디테일을 포기할 수 있을까 싶었다. '현대카드 디자인 라이브러리'를 설계하며 이용자의 편안한 독서를 위해 바닥 패턴을 없애고, 일반 유리보다 투명도가 높고 가격은 훨씬 비싼 저철분 유리를 택한 그가 아닌가. 그가 설계한 모든 건물은 '디테일의 끝판왕'이라 회자된다.

질문에 대한 답변만 명확하게 할 뿐 장황하게 말을 늘이거나 다음 질문을 재촉하는 법이 없는 그가 본인이 추구하는 디테일의 의미부터 짚고 넘어가야 한다며 말했다. "제게 디테일은 형태의 문제가 아닌 절실함의 문제예요. 하늘을 깨끗하게 보고 싶으니까 창틀을 숨기는 거지, 형태를 위해 디테일을 가미하지는 않습니다. 디테일 너머의 목적을 읽을 줄 알아야지, 디테일만 이야기해서는 안 돼요.

1 지니 서의 작업실에서 한 층 더 올라가면 만나는 공간. 벽면마다 책이 그득하다. 독서는 오늘의 최욱 건축가를 만든 자양분이다.

2 스케치부터 사진, 엽서, 선물 박스까지 오래 들여다보고 싶은 것들을 정성스레 배치했다.

3 오래 보지 않아도 한눈에 시선을 끄는 어여쁜 수집품들.

입사 면접을 볼 때 디테일만 얘기하는 친구는 안 뽑아요."

최 대표는 작은 집 프로젝트로 이야기를 이어 나갔다. "단열 잘되고, 비 안 새고, 그러면서도 미적으로 어긋나지 않는 집을 짓는 것이 목표입니다. 건축가이자 가구 디자이너인 장 프루베는 주택난으로 고생하는 아프리카 사람들에게 2밀리미터 정도의 얇은 철 프레임 오두막을 보내기도 했어요. 기본 틀만 보내고 세부 소재는 그 동네에서 나는 걸로 사용하게 했지요. 제가 짓는 집 역시 기본 모듈이 있지만 시공 과정에서 비용을 절감할 수 있을 거예요. 외장재부터 공법까지 여러 방면으로 스터디를 하고 있습니다."

주택을 설계한다는 건 대단히 재미있는 일

최욱이란 이름은 그간 저 멀리 있는 별이었다. 그의 설계비는 한국에서 가장 비싼 축에 속하고, 파트너 리스트에는 이름난 문화 애호가와 유명 인사가 많았다. 그러던 그의 행보가 작은 집, 적절한 예산, 더 많은 기회를 아우르며 넓어진 배경은 무엇일까? "6년 전 몸이 안 좋았는데, 그 시기를 지나면서 인생이 유한하다고 생각했어요. 의미 있는 일을 해야겠다 싶었지요. 아내에게 명상의 방을 지어 준 것도 그 무렵이에요. 열망이 생기지 않는 프로젝트는 하지 않는다는 원칙도 정했지요. 사실 '집'을 짓는다는 건 대단히 매력적인 일이에요. 몸의 스케일을 기준점 삼아 다양한 변용을 실험해 볼 수 있으니까요. 서양의 건축가들은 주택 설계를 해도 건축주의 의견과 상관없이 자신의 작업을 해요. 건축주도 그 건축가의 작품을 컬렉션한다고 생각하지요. 하지만 한국은 달라요. 집주인이 원하는 바를 최대한 구현해 줘야 하지요."

1 히노키 욕조에 들어가 앉으면 창문을 통해 앞뜰이 보인다. 계단 하나를 올라 욕조로 가게 한 디테일이 근사했다.
2 암반수가 똑똑 떨어지는 우물을 껴안은 와인 저장소.
3 천창이 있는 부부의 침실.

1

2

3

높낮이가 있는 지세에 지어진 네 채의 집은 아름다운 정원과 숲을 품고 있다.

공공 건축에 대한 그의 관심과 열의를 보면서 혹자는 명예욕을 느낄 수도 있겠다. 건축계의 노벨상이라는 프리츠커상 같은 큰 상을 염두에 둔 행보는 아니냐고 묻자 그가 담담히 답했다. "철학자 루트비히 비트겐슈타인 조카의 친구가 쓴 글이 있어요. 그중 상을 받는다는 것은 오물통을 들고 스스로한테 붓는 것이나 마찬가지란 내용이 있지요. 그에 따르면 상을 주는 사람은 상을 받는 사람한테 관심이 없대요. 주는 것에만 관심이 있지. 자기 행사를 치르는 것이 중요할 뿐이라는 거죠. 물론 순수한 의도로 주겠지만, 그런 것에 목매는 것은 어리석은 일이에요. 자연스럽게 이뤄지고 자연스럽게 진행되어야겠죠."

긴 대화를 통해 최욱 대표는 집과 공공 프로젝트에 관한 관심과 의지를 확실히 했다. "스페인과 한국의 건축 환경이 비슷한데, 공공 건축은 스페인이 한국보다 월등히 앞서 있어요. 건축가협회와 정부에서 기차역, 박물관, 공원 같은 공공 프로젝트에 심혈을 기울였거든요. 프로이트가 그랬어요. 모뉴먼트가 사라지는 것은 오랜 친구가 없어지는 것과 같다고." 공공의 선물을 지켜 나가는 것, 한국 건축 문화에 오랫동안 존재해 온 멋을 다양한 프로젝트를 통해 보여 주는 것이 최욱 대표가 요즘 느끼는 열망이다. 그 감정선 안에 '아름지기'와 함께 진행한 옛 서울시장 공관 리모델링 작업, 현대카드 가파도 프로젝트 작업 등이 있다.

그의 집을 찾은 날은 입춘이었다. 입춘에 항아리 터진다더니 때아닌 눈이 펑펑 쏟아졌다. 그 풍경을 산자락 중턱에 마련한 그의 작은 서재에서 봤다. 계절의 변화를 온전히 체감할 또 하나의 공간을 옵션으로 갖고 있다는 건 역시 행복하고 근사한 일이다.

최욱 · 지니 서

건축가 최욱은 '원오원아키텍츠'의 대표로 2006년 베니스 비엔날레, 2007년 선전-홍콩 비엔날레에 초대되었으며 대표작으로 학고재 갤러리, 두가헌, 현대카드 디자인 라이브러리, 현대카드 영등포 사옥 등이 있다. 설치 미술가 지니 서는 뉴욕대학교에서 생물학을 전공한 뒤 스코히건 회화조각학교에서 수학하고 뉴욕대에서 회화과 석사 과정을 마쳤다. 현재 한국에서 페인팅, 건축, 설치 미술의 경계를 넘나드는 작품 활동을 하고 있다.

플로리스트 윤용신 · 목수 이세일 부부의 해남 '목신의 숲'

내 집은 어디일까

"봄아, 왔다 가려거든 가거라." 남도 할매들의 소리 한 자락만큼 몸살 나게 봄 풍경이 아름다운 때, 저 해남 끄트머리 삼산면 목신마을에 다녀왔다. 버려진 나무와 야생 풀로 작업하는 자연 예술가 윤용신 · 목수 이세일 부부가 집 짓고, 나무 살림 만들고, 정원을 가꾸는 삶터 '목신의 숲'에 말이다.

전라남도 해남의 목신마을에 가 보라고, 언제나 잊지 않고 제 꽃을 피우는 부부가 있다고 한선주 조선대학교 교수가 귀띔했고, 그 말에 고속도로를 달려 왔다. 여자는 '꽃을 사지 않는 와일드 플로리스트'고, 남자는 '나무를 베지 않는 목수'라고 했다. ㄱ 자로 옆구리를 맞댄 공방 두 채를 '목신의 숲'이라 이름 짓고 하나씩 나눠 쓰는 부부라 했다. 엎드리면 코 닿을 곳에 '돌집'이란 정직한 이름의 살림집이 있다고 했다. 그리고 그 돌집이 이 모든 이야기의 시작이라고 했다.

"도시로 가서 학교 다니고, 꽃 일을 했지만 뿌리내리지 못하고, 소진하며, 부유하는 듯했어요. '아, 별로 그렇게 좋지 않구나, 행복하지 않구나, 아름답지 않구나' 했죠. '내 집은 어디일까?' 20~30대 때 객지를 떠돌며 질문했어요. 그때 이런 기억이 떠오르데요. 달덩이 같은 불두화가 출렁이던 담벼락, 겨울날 한지 문에 드리우던 히말라야시더의 그림자, 대숲의 속살거림, 뒤꼍의 축축한 이끼…. 어릴 적

ㄱ 자로 옆구리를 맞대고 있는 '목신공방'과 '찔레스튜디오'. 부부는 이 작업실을 하나씩 나눠 쓴다.

1 돌집의 난방은 장작을 때서 해결한다. 마룻바닥을 몇 장 들어내면 저렇게 화덕이 보인다.

2 이세일 씨가 망가진 망치로 만든 문손잡이.

3 이세일 씨의 위트가 한눈에 보이는 사물. 지게에 올린 쌀 포대처럼 만든 지게 의자, 나무 깎기 도구를 허리띠처럼 매단 나무 그루터기.

할머니의 정원이었어요. '그래, 고향으로 가야겠다, 아버지 품으로 가야겠다' 했죠." 윤용신 씨의 말에 남편 이세일 씨가 덧붙인다.

"귀농이나 귀촌하는 사람은 대부분 자기 고향으로는 안 간대요. 우리 집은 제가 초등학교 5학년 때 가족 모두가 서울로 이사 갔어요. 어릴 때 떠났으니 고향이라면 여름에 저수지로 뛰어들고, 산과 들로 헤매며 놀던 그런 좋은 기억만 있을 거 아니에요. 학교를 졸업하고 불상을 조각했는데 동료들에게 늘상 하던 얘기가 나중에 독립하면 고향 가서 살 거라는 말이었죠. 독립한 뒤 컨테이너 박스 하나 싣고 고향에 내려 왔어요."

남자와 여자는 각기 다른 때 고향에 내려왔다. 여자는 부모님 집 옆에 책과 짐을 놔둘 오두막을 한 채 짓고 싶었다. 13~14년 전 아버지에게 1,500만 원을 빌려 방 하나, 다락이 있는 조그만 돌집을 짓기로 했다. 그때 소개받은 옆 동네 목수가 남자였다. 돌집이 완성되는 날 두 사람은 전통 혼례를 올렸다.

남자와 여자가 지은 집 세 채

세상 모든 존재는 제 가슴 가장 아늑한 곳에 집의 기억을 새겨 두고 산다. 우주(집 우宇, 집 주宙)라는 커다란 집에 사는 생명들이야말로 집 속에 집을 짓고 사는 존재다.

어디로 가면 빛이 있으며, 어디로 가면 더운밥이 있나 찾아 다니던 여자와 남자는 첫 번째 집에서 딸 도원을 낳았고, 10여 년 전 두 번째 집을 지었다. "큰돈 들이지 않고 지어서 잘 쓰고 있어요. 리모델링하는 중학교의 폐자재를 가져다 내 손으로 직접 지었죠. 학교 창문과 마룻바닥을 뜯어다 벽도, 바닥도 만들었어요. 목수들도 여기 오면 다들 부러워해요. 마루판으로 된 작업장이 드물거든요."

400만 원인가 들여 지었다는 작업장 '목신공방'에서 남자는 버려진 나무로 숟가락이나 커피 스쿠프, 커피 그라인더, 스툴을 만든다. 임도 내기와 벌목으로 베어진 나무를 가져다 땔감으로 쓰다 그 무늬와 목질, 경도의 다양함에 끌려 시작한 일이다. 남자의 이런 작업 방식은 생나무green wood를 활용하므로 그린우드 워킹이라 부른다. 일반인을 대상으로 숟가락 깎기, 스툴 만들기 같은 그린우드 워크숍도 연다. 그게 발전해 나무 깎는 받침대인 목신말(대패질을 쉽게 할 수 있도록 고안한 장

치), 목신덩굴손(스푼을 깎는 전용 작업대로 작은 물건을 만들 때 목신말보다 더 효율적이다)도 만든다. 도끼, 망치, 끌, 정 등 나무 깎기에 필요한 비전력 도구도 모두 직접 만들어 쓴다. 직접 만들어 보니 그 도구를 훨씬 깊이 알겠고, 뭐든지 자급자족하다 보니 자신감도, 자존감도, 원초적 생존력도 높아진다고 믿는다.

"산업화를 먼저 시작한 나라들도 지금 다시 옛날로 돌아가서 기계 대신 손으로 작업하는 자연적 목공이 화두예요. 제가 하는 나무 일은 시대에 맞는 목공, 최첨단 목공인 거죠. 더군다나 나무를 베지도 사지도 않고, 땔감이면서 재료인 나무를 깎아 만드니 환경에도 덜 해롭고요."

떠꺼머리총각 시절부터 이때까지 연줄이 팽팽히 몸을 묶은 듯 나무 일에만 묶여 산다는 남자. 그가 만든 의자는 참 오묘하다. 소지품 다 버리고 출가한 스님 같다고 할까. "한 가지 일을 오래 하면 나름대로 개똥철학 같은 게 생기거든요. 고승들은 식사도 생명을 유지하기 위해 최소한의 양을 먹고, 옷도 한 벌 가지고 평생을 살잖아요. 제가 만드는 가구도 그런 맥락이에요. 1인용 의자는 한 사람의 체중을 버틸 수 있는 굵기와 강도만 갖추면 돼요." 회색 수염을 하고 성큼성큼 걷는 그의 모습을 닮은, 어딘가 어설퍼 보이고 소박하지만 사람의 몸이 척도가 된 가구다.

2021년 여자와 남자는 세 번째 집을 지었다. 해남의 너른 들에 뚝 놓인 집, 마당 한쪽엔 사시사철 이름 모를 다년초 꽃망울이 폭설처럼 터지는 집.

"제가 스스로 와일드 플로리스트라고 소개하는 이유가 있어요. 저는 꽃을 사지 않고 지역의 산과 들에 나는 자연 재료를 채집해 리스와 꽃 장식을 만들어요. 정원에서 직접 키워서 재료로 쓰고요. 주변의 자연 재료를 발견해 내고 그것을 일상에서 잘 즐길 수 있도록 작업하니 와일드 플로리스트가 맞겠죠."

이세일 씨의 작품인 목신 커피 그라인더. 쿡사(원목을 깎아 만든
캠핑용 컵)도 간간이 보인다.

논둑에 자라는 이름 모를 풀, 석송·상수리나무·멀구슬나무·노간주나무·광나무 같은 수목, 이끼·자리공·강아지풀·발풀고사리 같은 풀(심지어 냉이까지!), 벌목으로 죽은 나무뿌리까지 여자가 리스 재료로 쓰는 식물은 경계나 한계가 없다. '꽃을 사지 않는 플로리스트'는 세 번째 집 '찔레스튜디오'에서 발풀고사리, 청미래덩굴, 계요등처럼 우리가 모르던 들풀과 들꽃의 아름다움을 전하는 중이다.

"자본이 없으니 늘 재활용 집을 지었는데, 그때는 매년 모은 종잣돈을 좀 들였어요. 찔레 열매를 보면 밖은 붉고, 열어 보면 엷은 노란빛이 돌면서 가운데 씨앗이 있어요. 이 집도 밖은 붉은 황톳빛으로, 안은 연한 노란빛으로 칠하고 가운데는 씨앗처럼 작은 사무실을 넣었죠."

이 집 또한 '세운' 것이 아니라 '지은' 집, 밥을 짓고 약을 짓고 이름을 짓고 시를 짓듯 정성을 다해 지은 집이다.

집을 찾아서, 길을 찾아서

은행나무를 사랑해 호를 행전杏田으로 삼은 여자의 아버지는 30년 전 집 뒤 야산을 개간해 은행나무 숲을 가꿨다. 자본이 없어 묘목 대신 씨앗을 심어 키운 숲이다.

"처음에 왜 아버지는 은행나무를 심었을까 싶었어요. 무늬도 없고, 조각하기 쉬운 나무도 아니고. 아버지가 생전에 말씀하시길 나무는 후손을 보고 심는다고 하셨죠. 이제 그 뜻을 좀 알 것 같아요. 고향으로 돌아와 10여 년, 아프게 뿌리 내리기 위해서 찾고 고민한 시간이었어요. '내가 자리 잡을 곳은 어디일까, 사람으로 태어난 나는 어떤 몫을 하다 갈 수 있을까?' 평생 나를 붙든 화두인데, 이제

1 종잣돈을 열심히 모아 지은 세 번째 집이자 윤용신 씨의 꽃 작업실 '찔레스튜디오'.

2, 3 스튜디오에서 윤용신 씨는 풀과 나무로 리스를 만들고, 각종 꽃 장식도 완성한다.

1

2

3

이세일 씨의 나무 일 공간 '목신공방'. 목신공방의 벽면, 마루, 창틀은 모두 리모델링하는 중학교에서 가져온 폐자재로 만들었다.

야 실마리를 찾은 것 같아요. 내가 부모님의 땅으로 돌아왔듯이 우리 아이도 돌아오고 싶게 기억을 만들어 주자, 내가 할머니의 정원에서 기쁨을 누렸듯이 그 누군가도 이곳에서 쉼을 누리게 해 주자는. 돌 쌓는 걸 가르치신 스승님이 그러셨어요. 신의 섭리가 얼마나 놀라운지 인간이 가장 순수한 때를 기억하게 하고 꼭 그때로 돌아가게 하신다고. 제가 제집을 찾아서 온 길이 바로 그 길이겠죠." 은행나무의 다른 이름이 공손수公孫樹(후손에게 바치는 나무)이니, 무릎을 탁 칠 만한 일이다. 남자가 목신공방 양지쪽에 앉아 매양 깎아 만든 작품 제목이 '숟가락 숲'인 것도 그렇지 않은가. 하필 이 동네 이름이 나무 목木과 섶 신薪(땔감과 풀을 뜻한다) 자를 쓰는 것도 매한가지 아닌가.

어디로 가면 빛이 있으며 어디로 가면 더운밥이 있냐고 묻던 이들이 찾은 그곳, 집. 얼마나 아늑한 말인가. 그 집에서 언제나 잊지 않고 제 꽃을 피우는 남자와 여자. 바로 목신의 숲이다.

윤용신 · 이세일

플로리스트로 활동하던 윤용신은 도시 생활에 염증을 느끼고 2007년 부모님이 살던 고향인 해남으로 귀향한 뒤 주변 자연에서 만날 수 있는 꽃과 나무, 풀 등을 이용해 예술 작품을 만들고 있다. 이세일 목수는 서울을 비롯한 수도권과 사찰을 거치며 불교 조각을 제작하다가 귀향한 뒤 해남 지역 내 나무를 사용해 숟가락, 젓가락, 접시, 의자와 같은 생활 물건들을 만들고 판매한다.

화가 박대성·정미연 부부의 단순한 삶

산수에 깃든 생

나무 곁에서 나무처럼 살아간다. 나무가 내준 길을 걷고, 나무와 더불어 숨 쉬고, 늘 나무를 몸에 품은 채 먹을 갈고 붓을 쥔다. 경주 삼릉 곁, 한국화가 남편과 서양화가 아내가 함께 사는 집은 구석구석 짙은 나무 향으로 그득하다. 천년 고도의 가장 깊고 아득한 소나무 숲이 이들의 삶을 계절처럼 관통한다.

경주 남산 서쪽 기슭, 배동 안자락에 울창한 솔숲이 깃들여 있다. 수백 살은 족히 넘은 소나무가 구불구불 다가섰다 멀어지며 서로 몸을 기댄 태고의 숲에는 햇살 한 줌 수월히 내리꽂히지 않는다. 견고한 가지며 날카로운 잎이 볕을 쪼개고 튕겨 내 사방으로 흩뿌린다. 고도古都의 굴곡진 역사도, 모진 세월의 풍파도 빛처럼 바람처럼 그 안에 공명하다 사라진다. 마치 호위 무사라도 된 양 단호한 자태로 신라 왕릉을 감싸고 솟은 소나무 군락. 사진가 배병우가 그 소나무를 찍으며 세계적 명성을 얻은 이래 사시사철 사진작가의 발길이 끊이지 않는다는 이곳 삼릉숲 귀퉁이가 바로 소산 박대성 화백과 아내 정미연 화백의 거처다.

겸재 정선, 소정 변관식, 청전 이상범에 이어 한국 실경 산수화의 맥을 지켜온 거장 박대성 화백이 고향도 아닌 경주 땅에 한 그루 소나무처럼 뿌리내린 지도 어느새 20년이 넘었다. ㄱ 자 형태로 어깨를 맞댄 그의 집과 작업실은 저마다 남산

1

2

3

4

을 바라보며 서 있고, 야트막한 정원 담벼락 너머로 청청한 소나무 숲이 끝없이 펼쳐진다. "이런 데가 없습니다. 내가 전국 곳곳이며 다른 나라도 많이 다녀 봤지만, 이렇게 솔숲이 일망무제一望無際한 데가 없어요. 여기서 남산 정상까지가 전부 소나무예요." 그가 남산 자락에 들어앉은 것도, 집을 짓고 허물고 또 지으며 20년 넘게 살아 온 것도 다 이 소나무 때문. 70대 산수화가의 삶에는 그 땅의 산수가 깊이 스며 있었다. 제대로 집 구경도 하기 전, 삼릉숲을 지나 경애왕릉까지 그의 산책길에 동행했다. 오후 볕이 기어이 가지 틈을 파고들다 바스러지는 적요한 소나무 숲의 정취. 경주의 노화백이 객에게 건넨 첫인사였다.

두 화가의 두 공간

화가 부부가 사는 집은 생활 공간과 작업 공간이 엄격히 분리돼 있었다. 앞마당에 살림집이 붙어 있고, 2층짜리 작업실 뒤로 뒷마당 겸 정원이 이어지는 구조다. 내부는 더 간결하다. 살림집엔 부부의 침실 두 개, 작업실 건물엔 부부의 화실 두 개가 전부다. 공간이 단순하면 삶도 단순해지는 법. 부부는 각자 침실에서 일어나 함께 아침 식사를 하고 삼릉숲을 한 바퀴 거닐며 묵주 기도를 바친 뒤, 다시 각자의 화실로 흩어진다. 남은 하루의 대부분을 화실에서 보낸다. 한국화가 남편은 이 땅의 역사와 산수를 그리고, 서양화가 아내는 가톨릭 성화 작업에 매진한다. "서울에선 집을 너무 크게 짓고 살았어요. 평창동 집 건평이 400평이었으니까. 거기에 두 손 두

1 박 화백의 서재. 아침마다 그는 이곳에서 서예를 즐긴다.

2 남산 정상과 삼릉 솔숲을 조망할 수 있는 정원. 박 화백이 공들여 모은 신라 시대 유물에 정 화백이 '십자가의 길 14처'를 조각한 작품과 성모상을 더해 최근 재단장했다. 중심부의 소나무는 본래 이 땅에 자라던 것이다.

3, 4 박 화백의 서재며 작업실에는 늘 묵향이 짙게 감돈다. 화가로서 그의 생은 늘 이 묵향과 함께했다 해도 과언이 아니다.

1

2

발 다 들고 이젠 정말 조그만 집에서 여생을 보내고 싶었지요. 화실 때문에 또 넓어지긴 했지만 사실 생활 공간은 딱 요만하면 충분해요."

정 화백의 말처럼 실제 방 두 개에 부엌 공간만 자리한 살림집은 단출했다. 따로 화실을 마련하기 전까지 정 화백이 작업 공간으로 쓰던 넓은 방이 현재 남편의 침실 겸 서재이고, 부부 침실로 쓰던 작은 방이 현재 아내의 침실이다. 군더더기 없이 정갈한 공간에는 호화로운 세간살이며 과한 장식 하나 눈에 띄지 않았다. 대신 앞마당을 향해 난 커다란 유리창을 통해 오후 햇살이 쏟아져 들어왔다. 아내의 화실에 공들인 덕분에 박 화백이 얻은 자리는 바로 창가 테이블. 매일 아침 이곳에 앉아 서예를 즐기다 보면 멀찍이 남산 자락 끝이 문득문득 시야에 들어온다고 했다. 계절이 삼릉 솔숲을 지날 때마다 수련이 자라는 연못이며 문가를 지키고 선 벽오동나무가 조금씩 변화하는 모습도 감상할 수 있다. "여기가 명당자리예요." 박 화백의 시선을 따라 창 너머를 보니 누렇게 빛바랜 벽오동 잎사귀가 바람에 후들거렸다. 이 땅의 가을이 끝나 가고 있다는 증거였다.

그의 작업실 공간에는 사방에 먹과 붓이 널려 있다. 깊은 묵향이 내내 코끝을 맴돌았다. 소파 옆 널찍한 창문 너머로는 정원이 한눈에 들어왔다. 박 화백이 모은 신라 시대 유물, 정 화백이 '십자가의 길 14처'를 조각한 작품과 성모상이 둥글게 펼쳐져 있다. 본래 이 땅에 뿌리 내리고 자라온 소나무와 박 화백이 가져다 심은 소나무도 벗처럼 어우러져 있었다.

건물 2층은 정 화백의 화실. 본래 창고로 쓰던 공간인데, 지붕 한쪽을 들어 올리고 정원으로 테라스를 내 규모를 넓혔다. 역시나 큰 유리창을 통해 정원 한가운데 우뚝 솟은 성모상이 마주 보였다. "김수환 추기경의 추모 공원을 위한 작품

1 창고를 개조해 마련한 정 화백의 화실.

2 야트막한 담으로 둘러싸인 앞마당에선 소리 없이 지나는 계절을 매 순간 눈에 담을 수 있다.

박대성 화백의 〈삼릉비경〉. 가로 8미터, 세로 4미터에 달하는 이 대작은 소나무가 자라는 그의 정원과 그 너머 솔숲을 그린 작품이다.

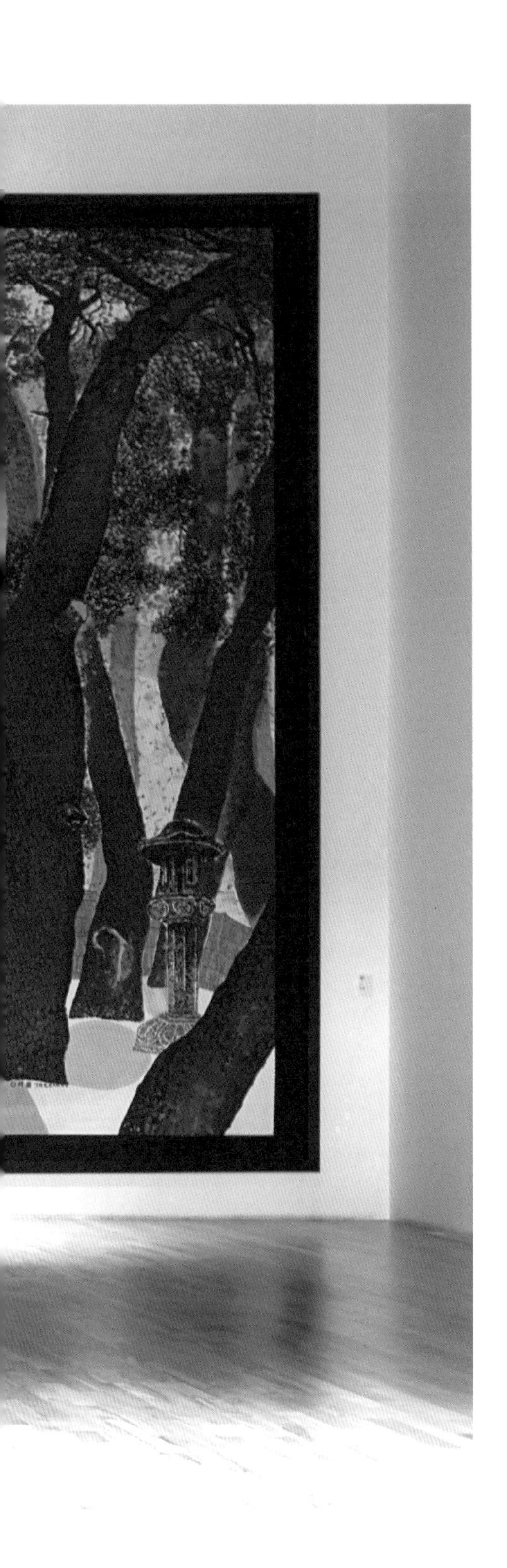

을 만들면서 영적 체험을 많이 했거든요. 그러다 보니 나도 집에 성모님을 모시고 싶더라고요. 그런데 이렇게 딱 모시고 나니까 여기 앉아 차를 한잔 마시면 성모님과 나 사이에 너무 많은 대화가 오가는 거예요. 아이고, 나 큰일 났네 싶었어요. 여기선 그림도 그리고 분주하게 계속 뭘 해야 하는데, 마냥 이 앞에 머무는 것만으로 너무 좋으니까. 그래도 참, 축복이죠? 혼자 누리기엔 좀 과한 것 같아요." 이 축복 같은 공간에서 정 화백은 작업에 매진한다. "나는 어떤 일이 주어지면 열정이 쏟아져서 밤낮 가리지 않고 막 달리는 체질이라 브레이크 장치가 없거든요. 다행히 우리 선생님이 그런 걸 철저하게 잘하는 분이고, 내가 그 옆에 있었기 때문에 여태까지 산 거예요. 항상 감사하게 생각해요. 만약 진즉 선생님을 만나지 않고 내 멋대로 살았으면 벌써 이 세상 사람이 아닐 거란 생각을 하니까." 남편이 잠시 자리를 비운 사이, 아내는 "이런 얘기는 같이 있을 땐 못 한다"라고 말하며 소녀처럼 깔깔 웃었다.

집이란 마음이 거하는 곳

사실 이 부부가 처음부터 이 집에서 함께 산 건 아니었다. 박 화백이 고래 등 같은 평창동 대저택을 두고 홀로 경주에 내려온 것은 1995년의 일. 틈만 나면 히말라야로 날아가 몇 달씩 원시의 산수 비경을 좇다가, 또 뉴욕에 작업실을 얻어 1년간 현대 미술의 정체를 탐구하다가 한국으로 돌아온 직후였다. "경주는 고도잖아요. 유적도 많고, 그렇게 춥지도 덥지도 않고, 가장 중요한 사실은 창작의 도시라는 거예요. 과거 인도에서 출발한 불교 유적이 실크로드를 거쳐 경주에 와서 완성되었고,

그래서 여기가 창작의 도시라, 그게 나한테 들어맞았던 거지요." 경주 땅을 몇 년 쯤 헤집다 지금의 터에 자리 잡고 나니 우선 건강이 좋아졌다. 당시 협심증이 심각해 혼자서는 스무 걸음도 못 걷던 그의 몸이 석 달 만에 거의 완치됐을 정도다. "여기 이렇게 고요한 데 뚝 앉아 있으니까 기가 막힌 거라. 이게 사람 사는 곳이 아닌가, 그런 생각이 들더라고. 실제로 땅이 나쁘면 공기가 나쁘고, 공기가 나쁘면 전부 다 나빠지는 거예요. 그걸 지수화풍地水火風이라 해요. 그러니까 내가 지금까지 이렇게 청년처럼 작업하고 있는 게 다 장소 덕이에요. 이 환경이 창창하게 나를 받쳐 주는 거지, 내가 잘나서가 아니에요. 나는 이 환경을 믿고 까부는 거고."

아내 역시 같은 걸 느낀다. "처음 떨어져 살 때 선생님이 서울에만 오면 이틀을 안 주무시고 내려가는 거예요. 손주들이 아무리 귀여워도 5분, 10분 보고 나면 어느새 보따리를 싸려고 난리를 치셨으니까. 처음엔 좀 얄밉더라고. 근데 내가 경주에 와 살아 보니까 알겠어. 여기서 나도 참 많은 일을 했어요. 정말 이 땅이 주는 힘이 대단한 것 같아요." 박 화백이 본래 살던 집을 허물고 같은 자리에 다시 집을 지은 것은 12여 년 전, 아내가 경주에 내려와 함께 살면서부터다. 물론 공간 설계는 늘 그렇듯 직접 했다. 어김없이 우선순위에 둔 것은 소나무. 삼릉 솔숲의 정취를 오롯이 즐길 수 있는 집이면 충분했다. "선생님은 오로지 저 소나무에 반한 거예요. 가로 8미터쯤 되는 〈삼릉비경〉이란 그 유명한 그림이 바로 이 장면을 그린 거지요." 가만히 듣고 있던 박 화백이 한마디 보탠다. "여기 이상 아름다운 정원이 또 어디에 있어."

결국 집의 내력은 소나무에서 시작해 소나무로 끝난다. 소나무 때문에 집을 지었고, 소나무로 인해 그의 인생 걸작들이 나왔다. 6·25 전쟁에 휘말려 부모와 한쪽 팔을 잃은 시골 소년, 정규 교육도 받지 못하고 스승을 찾아다니며 독학으로 그림을 익힌 청년 화가는 어느새 백발이 성성한 한국화의 거장이 됐다. 2020년엔 실경 산수를 독자적 화풍으로 이룩하며 한국화의 현대화에 기여한 공을 인정받아 옥관문화훈장까지 수훈했다. "솔직한 얘기로, 나는 그걸 받기 전과 후가 다를 게 하나도 없어요. 그런 데 연연해서 살아온 게 아니기 때문에. 물론 대단한 상이지. 나도 안다고. 그렇지만 실은 관 뚜껑을 덮어야 그 사람에 대한 정확한 평가가 나오는 거예요. 그러니 역사가 소중한 거고, 그래서 내가 이렇게 열심히 살아왔는지도 몰라.” 박 화백은 70대 중반을 넘은 이 나이까지 줄곧 그림을 그려 온 건 운명이 자신을 도와주었기 때문이라 털어놨다. 좋은 환경과 좋은 인연, 모든 것이 받쳐 준 덕이라 했다. “인제 나도 떠날 때가 그리 머지않았다고 보거든. 그럼 그 순간까지라도 열심히 하고 가야 되는 거예요. 그게 내 나름대로의 욕망이에요.” 이 1,000년 묵은 역사의 땅에서 그가 준비하는 건 지금으로부터 1,000년 후의 역사다.

서울로 돌아오기 전, 부부와 함께 2015년 문을 연 경주솔거미술관으로 향했다. 박 화백이 자신의 작품 800여 점을 기증해 건립의 기초를 마련한 미술관. 그는 이곳도 자신의 집이라 강조했다. 자신의 정수가 담긴, 몸과 같은 곳이라고. “우리가 나라고 하는 걸 착각하고 있어요. 몸뚱어리가 아니라고. 그럼 뭐야? 내가 뭐야? 마음이지. 마음은 보이지도 않고 잡을 수도 없지만, 우리는 분명 인지하고 있잖아요. 그게 영혼이라, 그 혼령이 바로 우리예요.”

노화백이 입버릇처럼 이야기했듯 진정한 자신이란 육신이 아닌 마음이다. 그러니 그의 혼이 거한 곳은 모두 그의 집일 터이다. 그의 소나무, 그의 불국사, 그의 예술혼이 생생하게 살아 있는 곳. 어쩌면 이곳 경주 땅이 모두 그의 집과 다름없으리라.

박대성 · 정미연

박대성은 ‘수묵화 대가’, ‘불국사 화가’로 불리는 한국화의 거장이다. 정규 미술 교육을 받지 않고 독자적인 한국화의 모더니즘을 이룩했다. 대한민국미술대전에서 여덟 번 입선했고 가나아트의 전속 화가였으며 중앙미술대전에서 장려상과 대상을 받았다. 1990년대 이래 경주 남산 자락에서 작업에 매진하고 있다. 정미연은 효성가톨릭대 회화과를 졸업한 후 뉴욕 아트 스튜던츠 리그에서 수학했다. 서양화가이자 성화 작가로 성상과 성물 제작, 벽화 작업을 했고 다수의 개인전과 초대전을 열었다.

나오며

《더 홈》은 1987년 창간되어 품격 있는 삶의 방식을 제시해 온 월간지《행복이 가득한 집》의 대표 칼럼인 '라이프&스타일'을 선별해 주제별로 엮어 낸 책입니다. 라이프스타일, 생활 양식을 뜻하는 이 단어는 팬데믹을 겪으며 가장 강력하고 유효한 키워드가 됐습니다. 공간에 대한 인식은 물론 집에 기능을 부여하는 방식까지 많은 변화를 겪으며 홈&데커레이션 가치가 폭발적으로 상승했고, 라이프스타일과 관련한 콘텐츠가 유례없는 인기를 끌면서 많은 사람이 취향을 넘어 '더 나은 삶의 방식'이라는 새로운 목표를 갖게 되었지요.
《더 홈》은 단순히 잘 꾸민 집을 소개하는 책이 아닙니다. 유행 대신 각자의 색깔과 집에 대해 기능 이상의 가치를 추구하는 관점, 지속 가능한 삶의 철학이 담긴 공간을 소개합니다. 그곳들은 비싼 가구만 고집하지 않아도, 이름이 럭셔리하지 않아도 행복이 가득한 집입니다. 무엇보다 집에 대한 애정이 남다르고 집을 가꾸는 과정 자체를 삶의 즐거움으로 여기는 사람들의 라이프스타일이 바로 이 책의 주인공입니다. 남과 비교할 일 없는 자신만의 스타일이 있는 생활, 이 책이 그런 생활을 실현하는 실마리가 되기를 기대합니다. 적어도《더 홈》의 독자라면 미래의 '라이프&스타일' 칼럼에 소개될 만한 가능성이 높으니까요.

《행복이 가득한 집》 편집장 이지현

오래전《행복이 가득한 집》기자로, 편집장으로 일할 때 다른 사람들 집을 찾아가 취재하고 사는 이야기를 들으며 깨달은 것이 하나 있습니다. 모든 것을 다 좋아할 필요는 없다는 것이지요. 모든 걸 갖겠다고 아등바등하면서 살아갈 필요도 전혀 없습니다. 자연, 가족, 작업, 수집품 등 그 무엇이든 간에 좋아하는 것이나 중요한 것 몇 가지만 앞에 두고 나머지는 신경 쓰지 않는 것을 넘어 아예 잊어버리거나 완전히 떠나보낼 수 있다면, '스타일'이 만들어집니다. 그렇고 그런 유행에 신경 쓰지 않는 온전한 삶의 방식이 태어나는 것이지요.
이렇게 자기만의 스타일을 지닌 사람들이 짓고 꾸미고 가꾸며 사는 공간은 특별합니다. 굳이 긴 설명을 듣지 않아도 그 집을 한 바퀴 둘러보는 것만으로 이들이 무엇을 중요하게 여기는지, 무슨 이야기를 하고 싶은지 단번에 알 수 있습니다. 인생도 집도 내 방식대로 즐겁고 행복하게 만들어 가고 싶은 사람들에게는 이 책이 가장 좋은 참고가 될 듯합니다.
지극히 개인적인 공간이라 평상시에는 닫아 놓는 문을 기꺼이 열어 준 스물두 분 덕에 태어난 책. 그래서 부제는 '멋진 집은 모두 주인을 닮았다'입니다. 대체할 수 없이 세상에 단 하나뿐인 집, 자신의 행복을 남에게 의지하지 않는 사람들. 흔치 않을 집들이에 여러분을 초대합니다.

디자인하우스 부사장 김은령

글쓴이 · 찍은 이

Chapter 1 심플하지만 개성 강한 집

뇌공학자 정재승의 책으로 지은 집
글 이지현 | 사진 박찬우

인테리어 디자이너 이승은의 그림 같은 집
글 최혜경 | 사진 박찬우

디자인알레 우현미 소장의 이태원 집
글 최혜경 | 사진 박찬우

철학자 최진석의 만허당
글 최혜경 | 사진 박찬우

Chapter 2 일터가 된 집

아티스트 씨킴의 제주살이
글 최혜경 | 사진 박찬우 |
취재 협조 및 자료 제공 아라리오 갤러리

도예가 김정옥의 미리내 집
글 정성갑 | 사진 박찬우

미술가 안규철의 산마루 집
글 최혜경 | 사진 박찬우 | 취재협조 국제 갤러리

목수 안주현 · 디자이너 이진아 부부의 숲속살이
글 최혜경 | 사진 박찬우

Chapter 3 가족이 삶의 중심이 되는 집

성북동 오버스토리 윤건수 · 이현옥 씨 가족이 함께 꿈꾸는 삶
글 이지현 | 사진 박찬우

편집매장 루밍 대표 박근하 · 김상범 부부의 감각적인 공간
글 이승민 | 사진 박찬우

미메시스 홍유진 대표의 따듯한 보금자리
글 이승민 | 사진 박찬우

건축가 조정선 · 목수 최성순 부부의 내 집 짓기
글 정성갑 | 사진 박찬우

식스티세컨즈 김한정 디렉터의 안식처
글 이새미 | 사진 박찬우

Chapter 4 작품으로 가득 채운 집

김리아 갤러리 김리아 대표 · 김세정 실장의 청담동 집
글 이지현 | 사진 박찬우

예술가 이상일이 이룩한 숲속 별세계
글 최혜경 | 사진 전재호

예술 기획자 신수진의 안목 엿보기
글 최혜경 | 사진 박찬우

누크 갤러리 조정란 · 정익재 부부의 아트 하우스
글 정성갑 | 사진 박찬우

갤러리 ERD 이민주 대표의 보물로 채운 집
글 이승민 | 사진 박찬우

Chapter 5 자연과 어우러지는 집

조경가 정영선의 양평 집
글 반칠환 | 사진 이우경 | 진행 최혜경

건축가 최욱 · 설치 미술가 지니 서 부부의 부암동 집
글 정성갑 | 사진 박찬우

플로리스트 윤용신 · 목수 이세일 부부의 해남 '목신의 숲'
글 최혜경 | 사진 박찬우

화가 박대성 · 정미연 부부의 단순한 삶
글 류현경 | 사진 박찬우

더 홈

1판 1쇄 발행 2023년 4월 14일
1판 3쇄 발행 2023년 11월 20일

지은이 행복이 가득한 집 편집부
펴낸이 이영혜
펴낸곳 ㈜디자인하우스

책임편집 김선영
디자인 말리북
교정교열 이진아
홍보마케팅 박화인
영업 문상식, 소은주
제작 정현석, 민나영
미디어사업부문장 김은령

출판등록 1977년 8월 19일 제2-208호
주소 서울시 중구 동호로 272
대표전화 02-2275-6151
영업부직통 02-2263-6900
인스타그램 instagram.com/dh_book
홈페이지 designhouse.co.kr

ISBN 978-89-7041-772-1 03540

디자인하우스는 독자 여러분의 소중한 아이디어와 원고 투고를 기다리고 있습니다.
원고가 있는 분은 dhbooks@design.co.kr로 기획 의도와 개요, 연락처 등을 보내 주세요.